Sitzungsberichte der Heidelberger Akademie der Wissenschaften
Mathematisch-naturwissenschaftliche Klasse

Die Jahrgänge bis 1921 einschließlich erschienen im Verlag von Carl Winter, Universitätsbuchhandlung in Heidelberg, die Jahrgänge 1922—1933 im Verlag Walter de Gruyter & Co. in Berlin, die Jahrgänge 1934—1944 bei der Weiß'schen Universitätsbuchhandlung in Heidelberg. 1945, 1946 und 1947 sind keine Sitzungsberichte erschienen.

Jahrgang 1937.

1. J. L. WILSER. Beziehungen des Flußverlaufes und der Gefällskurve des Neckars zur Schichtenlagerung am Südrand des Odenwaldes. DMark 1.10.
2. E. SALKOWSKI. Die PETERSONschen Flächen mit konischen Krümmungslinien. DMark 0.75.
3. Studien im Gneisgebirge des Schwarzwaldes. V. O. H. ERDMANNSDÖRFFER. Die „Kalksilikatfelse" von SCHOLLACH. DMark 0.65.
4. Studien im Gneisgebirge des Schwarzwaldes. VI. R. WAGER. Über Migmatite aus dem südlichen Schwarzwald. DMark 2.—.
5. Studien im Gneisgebirge des Schwarzwaldes. VII. O. H. ERDMANNSDÖRFFER. Die „Kalksilikatfelse" von URACH. DMark 0.60.
6. M. MÜLLER. Die Annäherung des Integrales zusammengesetzter Funktionen mittels verallgemeinerter RIEMANNscher Summen und Anwendungen. DMark 3.30.

Jahrgang 1938.

1. K. FREUDENBERG und O. WESTPHAL. Über die gruppenspezifische Substanz A (Untersuchungen über die Blutgruppe A des Menschen). DMark 1.20.
2. Studien im Gneisgebirge des Schwarzwaldes. VIII. O. H. ERDMANNSDÖRFFER. Gneise im Linachtal. DMark 1.—.
3. J. D. ACHELIS. Die Ernährungsphysiologie des 17. Jahrhunderts. DMark 0.60.
4. Studien im Gneisgebirge des Schwarzwaldes. IX. R. WAGER. Über die Kinzigitgneise von Schenkenzell und die Syenite vom Typ Erzenbach. DMark 2.50.
5. Studien im Gneisgebirge des Schwarzwaldes. X. R. WAGER. Zur Kenntnis der Schapbachgneise, Primärtrümer und Granulite. DMark 1.75.
6. E. HOEN und K. APPEL. Der Einfluß der Überventilation auf die willkürliche Apnoe DMark 0.80.
7. Beiträge zur Geologie und Paläontologie des Tertiärs und des Diluviums in der Umgebung von Heidelberg. Heft 3: F. HELLER. Die Bärenzähne aus den Ablagerungen der ehemaligen Neckarschlinge bei Eberbach im Odenwald. DMark 2.25.
8. K. GOERTTLER. Die Differenzierungsbreite tierischer Gewebe im Lichte neuer experimenteller Untersuchungen. DMark 1.40.
9. J. D. ACHELIS. Über die Syphilisschriften Theophrasts von Hohenheim. I. Die Pathologie der Syphilis. Mit einem Anhang: Zur Frage der Echtheit des dritten Buches der Großen Wundarznei. DMark 1.—.
10. E. MARX. Die Entwicklung der Reflexlehre seit Albrecht von Haller bis in die zweite Hälfte des 19. Jahrhunderts. Mit einem Geleitwort von Viktor v. Weizsäcker. DMark 3.20.

Jahrgang 1939.

1. A. SEYBOLD und K. EGLE. Untersuchungen über Chlorophylle. DMark 1.10.
2. E. RODENWALDT. Frühzeitige Erkennung und Bekämpfung der Heeresseuchen. DMark 0.70.
3. K. GOERTTLER. Der Bau der Muscularis mucosae des Magens. DMark 0.60.
4. I. HAUSSER. Ultrakurzwellen. Physik, Technik und Anwendungsgebiete. DMark 1.70

Sitzungsberichte
der Heidelberger Akademie der Wissenschaften
Mathematisch-naturwissenschaftliche Klasse

Jahrgang 1950. 6 Abhandlung

Weitere Untersuchungen zum Verständnis der zerstreuten Blattstellungen bei den Dikotylen

Von

Barbara Haccius
Mainz

Mit 65 Textabbildungen

Vorgelegt in der Sitzung vom 10. Dezember 1949

Springer-Verlag Berlin Heidelberg GmbH 1950

ISBN 978-3-540-01501-7   ISBN 978-3-662-26776-9 (eBook)
DOI 10.1007/978-3-662-26776-9

Alle Rechte, insbesondere das der Übersetzung in fremde Sprachen,
vorbehalten.

Copyright 1950 by Springer-Verlag Berlin Heidelberg

Ursprünglich erschienen bei Springer-Verlag OHG. in Berlin, Göttingen and Heidelberg 1950

Softcover reprint of the hardcover 1st edition 1950

Weitere Untersuchungen zum Verständnis der zerstreuten Blattstellungen bei den Dikotylen.

Von

Barbara Haccius, Mainz.

Mit 65 Textabbildungen.

(Vorgelegt in der Sitzung vom 10. Dezember 1949.)

Inhaltsübersicht.

Einleitung.
1. Die Blattstellungsverhältnisse der Dikotylen 3
2. Die besondere Fragestellung der vorliegenden Arbeit 5

Hauptteil.
1. Die bei den Dikotylen verwirklichten Übergangsformen vom Kotyledonarwirtel zur spiraligen Blattstellung 7
2. Unterscheidungsmerkmale der Spirodistichie bis Blatt 3 und der Spirodekussation vom ersten Blattpaar an 11
3. Die Blattstellungsverhältnisse in vier Dikotylenfamilien 17
   a) Umbelliferen 17
   b) Ranunculaceen 19
   c) Cruciferen 22
   e) Compositen 27

Diskussion und Zusammenfassung der Ergebnisse 33

Anhang.

PLANTEFOLs Theorie der mehrfachen Schrauben 39

Literatur 50

In den Abbildungen der Keimpflanzenquerschnitte bedeuten: Co = Kotyledonen; 1, 2 usw. = die auf die Kotyledonen folgenden Blattorgane in der Reihenfolge ihrer Entstehung.

Einleitung.

1. Die Blattstellungsverhältnisse der Dikotylen.

Zur Einführung sei ein ganz kurzer Überblick über die bei den Dikotylen vorkommenden Blattstellungen gegeben. Man unterscheidet im allgemeinen drei Grundformen, nämlich Wirtelstellung, Distichie und Dispersion[1]. Bei den Wirtelstellungen,

---

[1] Vgl. hierzu TROLL ([24], S. 97 und S. 408; [26], S. 55).

von denen die Dekussation die wichtigste ist, sind zwei bis mehrere Blätter an demselben Sproßknoten inseriert, bei der Distichie und auch bei den dispergierten (zerstreuten) Stellungen (Spiralstellungen) gehört nur je ein Blatt zu jedem Sproßknoten[1]. Speziell bei dikotylen Pflanzen finden wir am häufigsten die Dekussation oder eine der sog. 2/5-Spirale angenäherte Blattstellung verwirklicht, aber auch die Distichie und die Wirtelstellungen mit höherer Gliederzahl spielen eine wenn auch untergeordnete Rolle.

Mit der besonders mit dem Namen von W. TROLL verknüpften Renaissance der morphologischen Fragestellung in der Botanik tauchte auch wieder die Frage nach dem Grundtypus der Dikotylenblattstellungen auf. Für die Monokotylen konnte vor allem durch die Arbeiten von GOEBEL [3] und [4], HIRMER [8] bis [10] und VON VEH [28] eine einheitliche Auffassung erzielt werden, indem man alle vorkommenden Stellungstypen als Abwandlungen der Distichie auffassen kann. Diese beginnt in den meisten Fällen mit dem Monokotyledo, erstreckt sich dann über mehr oder weniger Folgeblätter und geht, wenn sie nicht überhaupt beibehalten wird, durch kongenitale Verschiebungen am Vegetationspunkt in eine Spiralstellung über, die ihrer Herkunft entsprechend als Spirodistichie bezeichnet wird. Es kann sogar auf demselben Wege zu einer Art von sekundärer Dekussation kommen, wie ECKARDT [2] bei *Gloriosa* nachgewiesen hat.

Würde man nach diesem Vorbild auch auf eine entsprechende Einheitlichkeit bei den Dikotylen schließen, so müßte man eine durch das Kotyledonenpaar eingeleitete dekussierte Blattstellung als die allen anderen vorkommenden Blattanordnungen zugrunde liegende Ordnung ansehen, eine Auffassung, die schon 1834 von DUTROCHET [1], 1850 von HOCHSTETTER [11], 1876 von HENSLOW [7] und in neuerer Zeit von GOEBEL [3] und [4], und VON VEH [27] vertreten wurde. Aber auch die gegenteilige Ansicht, daß nämlich die Dispersion die sämtlichen Dikotylenblattstellungen vorgezeichnete Anordnung sei, hat ihre Verteidiger, so NÄGELI [14], SUESSENGUTH [23], SCHOUTE [16] bis [21] und am entschiedensten ZIMMERMANN [30] und [31]. Dieser zweiten Deutung entspricht die Tatsache, daß direkt auf die Kotyledonen folgende Distichie, Spirodistichie oder andere Spiralstellungen so häufig vorkommen, daß

---

[1] Die Abtrennung der Distichie von den übrigen Spiralstellungen hat sich als zweckmäßig erwiesen, sie wird auch bei TROLL [26], HIRMER [8] bis [9], SCHÜEPP [22] u. a. durchgeführt.

es den Verhältnissen Zwang antun hieße, wenn man diese Stellungen alle als sekundär und von der Dekussation abgeleitet bezeichnen wollte.

Für das morphologische Verständnis der zerstreuten Blattstellung bei den Dikotylen ist daher eine genaue Analyse des Übergangs von der typischen Wirtelstellung der beiden Kotyledonen zu der die Sproßachse umlaufenden Spirale einzeln inserierter Laubblätter entscheidend. Wie aus dem eben Gesagten hervorgeht, müssen wir zwei Möglichkeiten dieses Übergangs unterscheiden. Entweder geht die durch den Kotyledonarwirtel eingeleitete Dekussation direkt in die Spiralstellung über, ein Verhalten, das GOEBEL ([3], S. 78 und [4], S. 280) am Beispiel von *Helianthus annuus* näher beschrieben und als „Wirtelauflösung" bezeichnet hat, oder die Wirtelstellung der Kotyledonen und manchmal auch eines sog. Primärblattwirtels wird abgelöst von einer plötzlich einsetzenden Distichie, die mehr oder weniger rasch, genau wie bei den Monokotylen, in eine Spirodistichie übergeht[1].

Für das erstere Verhalten sei als Beispiel die Abbildung des Knospenquerschnitts einer Keimpflanze von *Collomia grandiflora* (Abb. 1) und für das zweite dasselbe von *Trifolium subterraneum* gegeben (Abb. 2).

2. Die besondere Fragestellung der vorliegenden Arbeit.

Die besondere Fragestellung der folgenden Untersuchung bezieht sich auf die Unterscheidung der beiden Übergangsformen. In Fällen wie bei der abgebildeten *Collomia* oder auch bei *Helianthus, Atriplex, Impatiens* und anderen wird die Herkunft der Blattspirale aus der Dekussation augenfällig deutlich, andererseits bereitet auch die Identifizierung einer Spirodistichie, bei der nach einer längeren Zone distischer Blätter eine langsame „Drehung" zur Spirale erfolgt, keine Schwierigkeiten. Solche wenn auch wie die Wirtelauflösung recht häufig vorkommenden Beispiele machen aber nicht die ganze Breite der Übergangsmöglichkeiten aus. Die Entscheidung, ob wir eine Spiralstellung mit der Dekussation in Zusammenhang bringen oder ob wir sie als Spirodistichie bezeichnen dürfen, wird sofort problematisch, wenn der Übergang so rasch erfolgt, daß die Spiralstellung schon nach den ersten drei bis vier

---

[1] Das verbreitete Vorkommen der Spirodistichie bei den Dikotylen ist lange übersehen worden. TROLL [24] und [25] hat zuerst darauf hingewiesen, und ich selbst konnte es in einer ausführlichen Untersuchung [5] an Beispielen aus über 40 Dikotylenfamilien nachweisen.

auf die Kotyledonen folgenden Blättern fertig ausgeprägt ist. Die folgenden Ausführungen werden sich mit der Klärung dieser Unterscheidungsfrage besonders beschäftigen.

Was hier von den Keimpflanzen mit besonders schnellem Übergang zur regelmäßigen Spirale gesagt wurde, gilt überhaupt von der Wechselständigkeit der Blätter an der ausgewachsenen Pflanze. Zur Illustration der Schwierigkeit sei eine Feststellung W. Trolls ([24], S. 445) zitiert: „Es bedarf wohl keiner besonderen Erwähnung, daß eine aus der Distichie sich herleitende starke Dispersion der Blätter äußerlich in nichts verschieden ist von einer aus der Dekussation direkt entstandenen." Daher macht die gebräuchliche Terminologie auch keinen Unterschied zwischen den beiden ohne Kenntnis der Jugendformen nicht zu unterscheidenden zerstreuten Blattstellungen und bezeichnet sie in gleicher Weise als wechselständig oder spiralig. Folgerichtig dürfte dann auch die Bezeichnung „Spirodistichie" nur auf diejenige Folge von Blättern angewendet werden, bei der durch die Anordnung in zwei Spirostichen die Herkunft aus einer gegenständigen noch deutlich zu erkennen ist. Die Abgrenzung würde noch dadurch erleichtert, daß der Übergang von den gedrehten Stichen zur Spirale mit konstanten Divergenzen zumeist ziemlich plötzlich erfolgt und an Schnittbildern festzulegen ist. Man vergleiche hierzu die Schnitte Abb. 40 (Grenze zwischen Blatt 7 und 8) und Abb. 41 (Grenze zwischen Blatt 6 und 7).

Obwohl also viel für die übliche Bezeichnungsweise spricht und wir sie im großen ganzen auch verwendet haben, werden sich durch unsere Untersuchungen Gesichtspunkte ergeben, die die gebräuchliche Terminologie für die Zwecke der Systematik als ungenügend erweisen. Das Problem der systematischen Verwertbarkeit dieser typologischen Unterscheidungen steckt konkret ausgedrückt in der Frage: kann man von gewissen Dikotylenfamilien oder Gruppen derselben behaupten, daß für sie die von der Dekussation und für andere die von der Distichie abzuleitenden Blattstellungen charakteristisch sind, ähnlich wie das letztere ja für die gesamten Monokotylen feststeht? Läßt sich diese Frage bejahen, dann wäre es nicht mehr irrelevant, ob „wechselständige Blattstellung" in einer Spirodistichie oder in einer Wirtelauflösung ihren Anfang hatte.

Hierzu sei betont, daß es ein morphologisches, nicht ein systematisches Anliegen ist, das diese Arbeit veranlaßt hat; trotzdem sollen die sich für systematische Erwägungen ergebenden Tatsachen, wo immer sich solche bieten, aufgegriffen und verwertet werden. Dies und der Umstand, daß es unmöglich ist, die große Gruppe der Dikotylen auch nur annähernd gleichmäßig zu sichten, gaben Veranlassung, die folgende Untersuchung auf die genaue Analyse der Stellungsverhältnisse von nur vier Dikotylenfamilien zu beschränken und zwar der Ranunculaceen, Umbelliferen, Cruciferen und Compositen. Diese Auswahl wurde aus folgenden Gründen getroffen: einmal bieten die genannten Familien besonders viele einheimische krautige[1] Vertreter, deren Keimpflanzen leicht in größerer Menge zu beschaffen waren, und andererseits ergaben die Untersuchungen, daß die Ranunculaceen und Umbelliferen in hervorragendem Maße die als Spirodistichie zu deutenden und die Cruciferen die morphologisch von der Dekussation abzuleitenden Stellungen repräsentieren, während bei den Compositen beide Möglichkeiten häufig verwirklicht sind, wobei die Frage auftaucht nach deren Verteilung auf die Untergruppen dieser großen Familie. Diese vorwegnehmenden Andeutungen mögen zur Charakterisierung des gesamten Fragenkomplexes vorerst genügen.

Ich möchte nicht versäumen, an dieser Stelle Herrn Professor Dr. J. BUDER und Herrn Professor Dr. H. MEUSEL meinen Dank auszusprechen dafür, daß sie mir zu meinen Untersuchungen die Einrichtungen des Botanischen Instituts und des botanischen Gartens der Universität Halle zur Verfügung stellten.

Hauptteil.

1. Die bei den Dikotylen verwirklichten Übergangsformen vom Kotyledonarwirtel zur spiraligen Blattstellung.

Eingehende Untersuchungen, über die im folgenden berichtet wird, ergaben, daß wir bei den zerstreut beblätterten Dikotylen sechs Möglichkeiten des Übergangs vom Kotyledonarwirtel zur Dispersion vorfinden[2].

Dabei muß ausdrücklich betont werden, daß wenn hier und im folgenden von der endgültigen oder überhaupt von der Blattstellung einer Pflanze die Rede ist, immer nur die Anordnung der Blätter der vegetativen Region gemeint ist. Die Tatsache, daß sich die Blattstellung beim Übergang zum reproduktiven Teil der Pflanze vielfach ändert, ist bekannt, konnte aber hier, wo es sich

---

[1] Die Stellungsverhältnisse der Holzgewächse sind oft stark abgeleitet und daher für diese Betrachtungen nicht so geeignet.
[2] Die seltenen monokotylen Dikotylen sollen in dieser Arbeit unberücksichtigt bleiben, zumal für sie schon eine spätere spezielle Untersuchung vorgesehen ist.

allein um den Übergang des Kotyledonarwirtels zur Blattanordnung der vegetativen Phase handelt, nicht berücksichtigt werden und bedarf einer gesonderten Untersuchung.

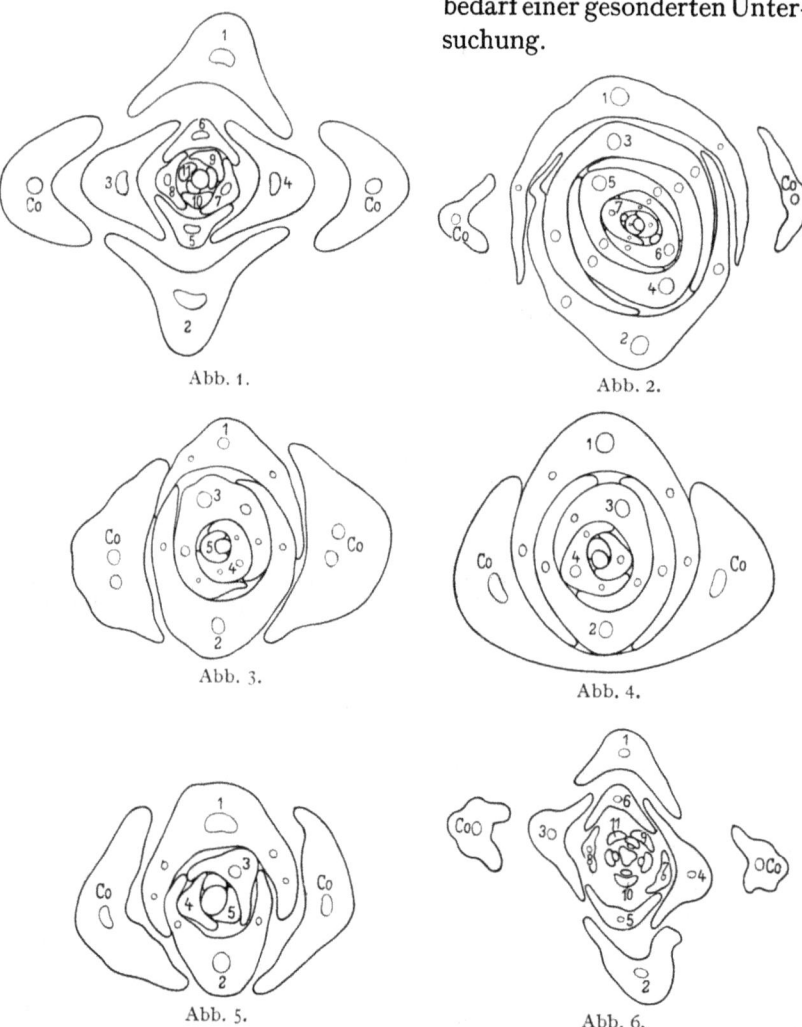

Abb. 1—6. Keimpflanzenquerschnitte von *Collomia grandiflora* (1), *Trifolium subterraneum* (2), *Lupinus polyphyllus* (3), *Potentilla aurea* (4), *Cerinthe maior* (5) und *Veronica peregrina* (6).

Die sechs Möglichkeiten des Übergangs vom Kotyledonarwirtel zur Dispersion (Abb. 11).

Nr. 1. Ausgeprägte Spirodistichie. Auf den Kotyledonarwirtel folgen zwei bis mehrere distich gestellte Blattorgane, dann setzt, wenn die Distichie nicht beibehalten wird, eine sich steigernde Drehung der beiden Orthostichen ein, wobei diese aber noch deutlich erkennbar bleiben bis zu dem, wie oben beschrieben, ziemlich plötzlichen Einschwenken in die endgültige Spiralstellung mit konstanten Divergenzen. Als Beispiel sei nochmals auf die Abb. 2 von *Trifolium subterraneum* und auf die Abb. 3 von *Lupinus polyphyllus* hingewiesen, wo der Übergang zur Spirale schon etwas rascher vor sich geht.

Nr. 2. Spirodistichie bis Blatt 3. Die beiden auf den Kotyledonarwirtel folgenden Blätter stehen mit 180°-Divergenz auf verschiedener Insertionshöhe einander gegenüber (distiche Zone), aber schon das dritte Blatt weicht aus der Orthostiche ab, und zwar meist entschiedener, als wir es bei der ausgeprägten Spirodistichie beobachten, so daß die endgültige zerstreute Blattstellung mit konstanten Divergenzen schon vom 4. Folgeblatt an verwirklicht ist. Bei dem abgebildeten Schnitt von *Potentilla aurea* (Abb. 4) ist die spirodistische Zone, betont durch die stark umgreifenden Blattbasen, unverkennbar, während bei *Cerinthe maior* (Abb. 5) die Orthostichendrehung nicht so deutlich in Erscheinung tritt.

Nr. 3. Aufgelöste Wirtel oder ausgeprägte Spirodekussation. Auf den Kotyledonarwirtel folgen zwei oder mehr mehrzählige Blattwirtel, die sich ganz allmählich durch Einschaltung von zunächst noch kleinen, dann größer werdenden Internodien auflösen, daher die Bezeichnung „Wirtelauflösung". Der Ausdruck „Spirodekussation" soll darauf hindeuten, daß mit der Einschaltung eines Internodiums zwischen die Blätter eines Paares eine Verschiebung der Divergenzen verbunden ist und zwar so, daß das nächste Paar etwas nach der Seite des älteren Blattes des vorhergehenden Paares zusammenrückt, so daß eine Spiralstellung mit konstanten Divergenzen resultiert. Als Beispiel besonders deutlicher Wirtelauflösung wurde oben schon *Helianthus* genannt; ähnlich verhalten sich *Atriplex* (Abb. 17), *Impatiens* (Abb. 16) u. a. Gerade bei diesen Formen sind Keimpflanzenquerschnitte nicht sehr ergiebig, da zu wenig Blätter in einem Schnitt getroffen werden, um die Auflösung deutlich zu machen. Es sei nochmal auf Abb. 1 von *Collomia grandiflora* verwiesen und auf Abb. 6 von *Veronica peregrina* mit Wirtelauflösung beim Übergang in die Blütenregion.

Nr. 4. Spirodekussation vom ersten Blattpaar an. Schon das erste auf die Kotyledonen folgende Blattpaar läßt ein geringes Nacheinander in der Entstehungsfolge vermuten, das bei dem zweiten nach Blatt 1 hin konvergierenden Paar noch deutlicher wird. Dadurch daß sich dasselbe Verhalten (Einschaltung eines Internodiums und Wegdrehen vom vorangegangenen Blatt) wiederholt, kommt es schnell zu einer regelmäßigen Blattspirale.

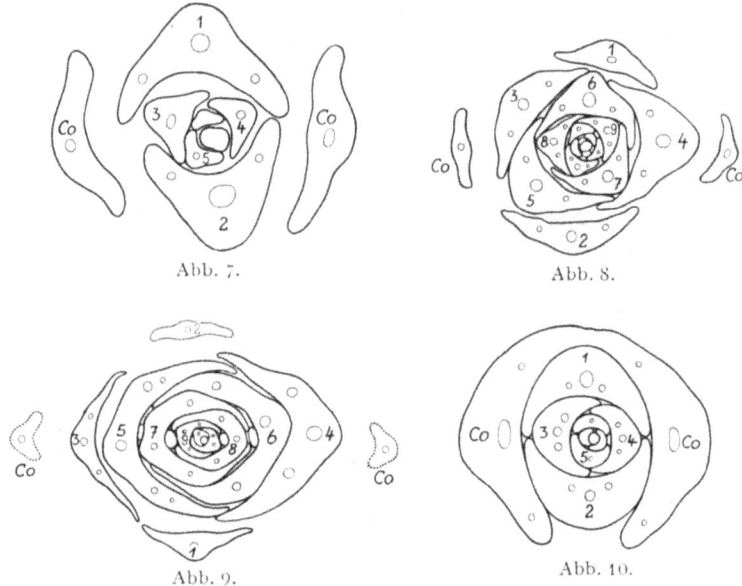

Abb. 7—10. Keimpflanzenquerschnitte von *Specularis speculum* (7), *Eschscholtzia californica* (8), *Chenopodium Bonus Henricus* (9) und *Beta trigyna* (10).

Vgl. Abb. 7 von *Specularia speculum* und Abb. 8 von *Eschscholtzia californica*.

Nr. 5. Spirodistichie mit Primärblattwirtel. Auf den Kotyledonarwirtel folgt ein Primärblattwirtel, an den sich die Distichie bzw. Spirodistichie in derselben Weise anschließt wie bei Stellung Nr. 1 an den Kotyledonarwirtel selbst. Ein Beispiel für eine auf einen Primärblattwirtel folgende besonders ausgeprägte Spirodistichie bietet *Chenopodium Bonus Henricus* (Abb. 9).

Nr. 6. Spirodekussation mit Primärblattwirtel. Bei dieser letzten Form des Übergangs folgt auf den Primärblattwirtel eine Blattstellung, die völlig der Stellung Nr. 4 gleicht, wozu der Schnitt durch die Keimpflanze von *Beta trigyna* (Abb. 10) als Illustration diene. Ich möchte erwähnen, daß man nur berechtigt ist von einem Primärblattwirtel zu sprechen, wenn die ersten beiden auf die Kotyledonen folgenden Blattorgane sich deutlich morphologisch und stellungsmäßig von den übrigen Laubblättern unterscheiden. Ich habe es trotzdem vorgezogen, die Glieder des Primärblattwirtels nicht, wie ich es bislang [5] getan habe, mit den Buchstaben P_1 und P_2 zu bezeichnen, sondern einheitlich durchzunumerieren. Die Entscheidung darüber, welches der beiden gleich großen Blätter als Blatt 1 bezeichnet wird, ergibt sich aus der Rückwärtsverfolgung der Blattspirale bis in den Wirtel hinein, wobei sich Blatt 1 in die Reihe der ungerade bezifferten Blätter einfügt.

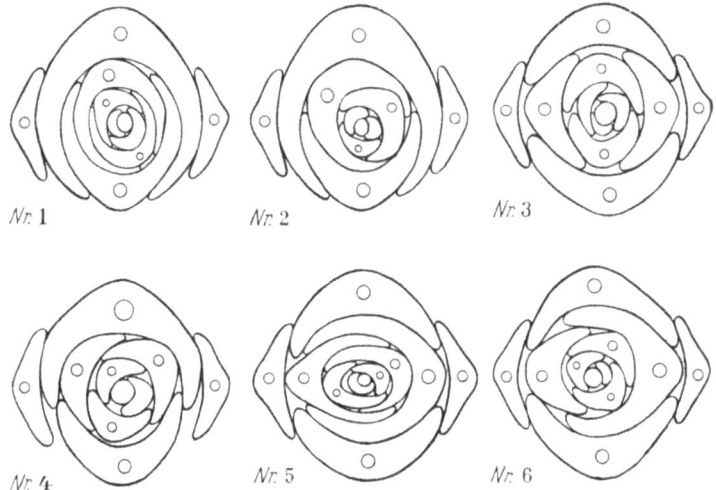

Abb. 11. Schematische Darstellung der sechs Übergangstypen (Näheres s. Text).

Die angeführten Beispiele wurden so gewählt, daß die typischen Unterschiede zwischen den genannten Übergangsformen besonders deutlich wurden. Die ausgeprägte Spirodistichie mit (Nr. 5) und ohne (Nr. 1) Primärblattwirtel ist sowohl an der Keimpflanze selbst als auch am Schnittbild leicht zu erkennen. Ebenso kann man die aufgelöste Dekussation (Nr. 3) nicht mit einer anderen Blattstellung verwechseln, Schwierigkeiten macht vor allem die Unterscheidung einer Spirodistichie bis Blatt 3 (Nr. 2) von einer Spirodekussation vom ersten Blattpaar an (Nr. 4). Darüber soll der folgende Abschnitt im besonderen handeln.

2. Unterscheidungsmerkmale der Spirodistichie bis Blatt 3 und der Spirodekussation vom ersten Blattpaar an.

Ehe wir in die spezielle Untersuchung der Blattstellungsverhältnisse der genannten vier Dikotylenfamilien eintreten, soll versucht werden, bestimmte Kennzeichen festzustellen, an denen man erkennen kann, ob bei raschem Übergang eine dispergierte Blattstellung von einer Spirodistichie (Nr. 2) oder einer Dekussation (Nr. 4) abzuleiten ist. Die eventuellen Unterscheidungsmerkmale müssen sich auf die Blätter 1 bis 4 beziehen, da ja diese beiden Übergangsformen dadurch charakterisiert sind, daß die Spiralstellung mit konstanten Divergenzen schon vom 5. Blatt an verwirklicht ist. Von Blatt 5 an kann eine Unterscheidung nicht mehr möglich sein. (Man vergleiche zu dem folgenden außer Abb. 12 und 13 noch Abb. 5, 21, 22, 23, 24, 28 und 29 für den Übergang Nr. 2 und Abb. 7, 8, 34, 46, 48, 49 und 50 für den Typ Nr. 4.)

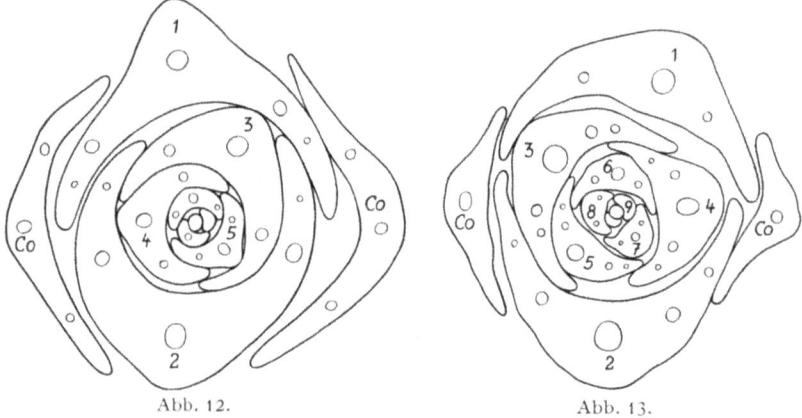

Abb. 12.   Abb. 13.

Abb. 12 u. 13. Keimpflanzenquerschnitte von *Lactuca sativa* (12) und *Coronopus Ruellii* (13).

Was zunächst Blatt 1 und 2 betrifft, so finden wir sowohl bei Stellung Nr. 2 als auch bei Nr. 4 ein Internodium zwischen den beiden ersten Blättern, während dieses aber bei Nr. 4 sehr klein ist, da ja eine gewisse Paarung der Blattorgane auch noch bei den nächsten Blättern gewahrt bleibt, ist es bei Nr. 2 wesentlich ausgeprägter, erkennbar entweder an der deutlicher verschiedenen Größe der ersten beiden Blätter oder auch durch ein ausgedehntes Umgreifen der Blattbasis von Blatt 1 um den Grund von Blatt 2, beides sowohl an der frischen Keimpflanze als auch an einem Querschnitt festzustellen.

Wesentlicher noch für die Unterscheidung ist das Verhalten von Blatt 3. Bei Stellung Nr. 4 weisen Blatt 3 und 4 trotz des Internodiums und des Konvergierens nach Blatt 1 hin noch eine gewisse Paarung auf, sie sind untereinander im Alter nicht so verschieden wie Blatt 3 von Blatt 2. Dies zeigt sich manchmal, wenn auch nicht immer, darin, daß der meßbare Größenunterschied, der ja wenigstens zu Anfang eine Funktion des Alters darstellt, von 1 zu 2 gering, von 2 zu 3 größer und von 3 zu 4 wieder geringer ist. (Die Kurve Abb. 14 von der in Abb. 13 dargestellten Keimpflanze von *Coronopus Ruellii* wurde durch Messung der Blattquerdurchmesser an ihrer breitesten Stelle und Eintragung der Größen in ein Koordinatensystem erhalten.)

Bei der Form Nr. 2 dagegen gehört Blatt 3 nach Gestalt und Alter viel mehr zu Blatt 1 und 2 als zu Blatt 4.

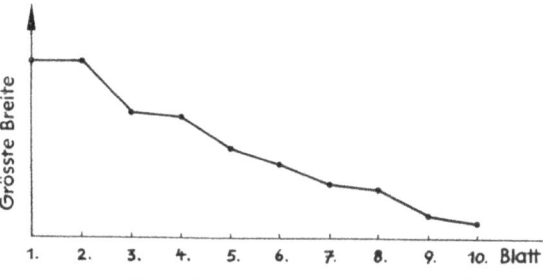

Abb. 14. Blattgrößenkurve von *Coronopus Ruellii*.

Das ist schon an der lebenden Keimpflanze makroskopisch zu erkennen, man denke etwa an den Habitus einer Keimpflanze von *Lampsana communis* (Abb. 59 als Schnitt). Ebenso ist oft am Schnittbild durch Messung festzustellen, daß der Größenabstand von Blatt 1 bis 4 kontinuierlich abnimmt, was durch die Kurve der in Abb. 12 gezeigten *Lactuca sativa* dargestellt wird (Abb. 15).

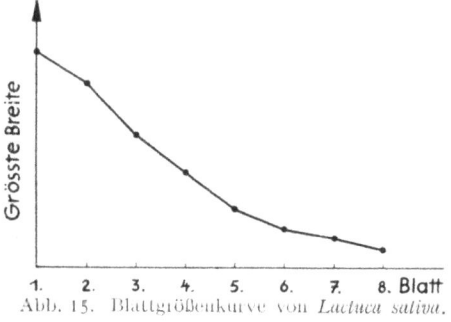

Abb. 15. Blattgrößenkurve von *Lactuca sativa*.

Ein weiteres Merkmal ergibt sich daraus, daß bei der Färbung des Präparates die jungen Zellen infolge des dichteren plasmatischen Inhalts sich stärker färben als die alten. So ist schon an der Färbung im Schnitt zu erkennen, daß beim Typ Nr. 2 die Blätter 1, 2 und 3 im Alter kontinuierlich aufeinanderfolgen, während beim Typ Nr. 4 die Blätter 1 und 2 als älteres Paar sich von den Blättern 3 und 4 durch die hellere Farbe abheben.

Schließlich gibt das Schnittbild noch einen Hinweis durch die Divergenzen der Blätter 1 bis 4. Während bei der Übergangsform Nr. 2 die Abweichung von Blatt 3 über die 180°-Divergenz der Distichie hinaus noch eine geringere ist (180° + 15° bis 180° + 30°) und erst Blatt 4 das charakteristische Einschwenken zur Spirale mit konstanten Divergenzen zeigt, ist bei der Form Nr. 4 die Abweichung von Blatt 3 viel größer (180° + 50° bis 180° + 60°), da ja hier nicht die 180°-Divergenz der Distichie sondern die 270°- bzw. 90°-Divergenz der Dekussation zugrunde liegt.

Als Beispiel seien in den Tabellen 1 und 2 die Ergebnisse der Divergenzmessungen bei den in Abb. 12 und 13 wiedergegebenen Keimpflanzen von *Lactuca sativa* und *Coronopus Ruellii* aufgezeichnet.

Tabelle 1. Die Divergenzen der in Abb. 12 dargestellten Keimpflanze von *Lactuca sativa*.

Winkel zwischen Blatt	Messung nach dem	
	langen Weg	kurzen Weg
1:2	180° + 15°	165°
2:3	180° + 20°	160°
3:4	180° + 58°	122°
4:5	180° + 42°	138°
5:6	180° + 45°	135°
6:7	180° + 44°	136°

Tabelle 2. Die Divergenzen der in Abb. 13 dargestellten Keimpflanze von *Coronopus Ruellii*.

Winkel zwischen Blatt	Messung nach dem	
	langen Weg	kurzen Weg
1:2	180° + 17°	163°
2:3	180° + 55°	125°
3:4	180° + 41°	139°
4:5	180° + 43°	137°
5:6	180° + 41°	139°
6:7	180° + 43°	137°
7:8	180° + 45°	135°
8:9	180° + 42°	138°
9:10	180° + 42°	138°

Die Divergenz zwischen Blatt 1 und 2 ist in beiden Fällen nicht genau 180°, weil die beiden Blätter schon durch das Wachstum der folgenden sekundär aus ihrer ursprünglichen Lage verschoben wurden, wie ja überhaupt der Wert von Divergenzmessungen dadurch eingeschränkt wird, daß es nicht möglich ist, die Winkelwerte zwischen nur gleich alten Primordien zu messen. Die Divergenz zwischen den Blättern 2 und 3 zeigt bei *Lactuca*, wo es sich um eine Spirodistichie bis Blatt 3 (Nr. 2) handelt, einen Winkelbetrag von 20° über 180° hinaus. Weil wir eine Spirodistichie vor uns haben, ist die angegebene Messung nach dem langen Weg die entsprechendere. Der Winkel von 180° + 58° zwischen Blatt 3 und 4 drückt das oben als ,,energisches Einschwenken in die Spirale" bezeichnete Verhalten aus, so daß von Blatt 4 an die Divergenzen etwa der Limitdivergenz (näheres siehe weiter unten!) entsprechen, womit angezeigt ist, daß die Spiralstellung mit konstanten Divergenzen erreicht ist. Bei *Coronopus*, dem Beispiel für die Spirodekussation vom ersten Blattpaar an (Nr. 4), ist der Winkel zwischen Blatt 2 und 3 = 180° + 55° nach dem langen Weg gemessen oder 125° nach dem kurzen Weg. Von Blatt 3, nicht erst von Blatt 4 an ist bei diesem Übergangstyp die Spiralstellung mit etwa konstanten Divergenzen zu beobachten.

Die genannten Kennzeichen sind nur Hinweise, und erst ihre Kombination erlaubt gültige Schlüsse. Auch muß hier ausdrücklich betont werden, daß trotz sorgfältigster Untersuchung bei einer einzelnen Pflanze die Unterscheidung nicht immer zu treffen ist.

Ganz besonders ist zu warnen vor einer Überbewertung der Schnittbilder, die für feinere Unterscheidungen wertlos sind ohne entsprechende Berücksichtigung des Gesamthabitus der frischen Keimpflanze. Die oben zitierte Feststellung W. TROLLs ist also nicht aufgehoben, sondern nur eingeschränkt dahingehend, daß eine Unterscheidung der aus der Distichie sich herleitenden Spiralstellung von einer aus der Dekussation direkt entstandenen nur möglich ist, wenn eine Übergangszone festzustellen ist. Es genügt allerdings wie oben ausgeführt, daß diese sich an einem Blatt (Blatt 3) bemerkbar macht. In allen Fällen aber, wo die morphologischen Untersuchungsmethoden nicht zum Ziel führen, bleibt nur der Analogieschluß als Ergebnis des Vergleichs der Vertreter einer größeren systematischen Gruppe. Die folgenden speziellen Untersuchungen sollen die Anwendung der genannten Methoden und ihre Brauchbarkeit demonstrieren.

Am Schluß des allgemeinen Teils soll noch kurz auf das Verhältnis des HIRMERschen Systems der Blattstellungen zu unserer oben gegebenen Klassifikation eingegangen werden. HIRMER [10] unterscheidet:

,,1. die Quirlstellungen, bei welchen in der überwiegenden Mehrzahl der Fälle Alternanz der aufeinanderfolgenden Quirle herrscht;

2. die alternierend zweizeilige Stellung nebst den daraus sich ableitenden schraubenartigen Stellungen;

3. die eigentlichen, den Limitdivergenzen folgenden Schraubenstellungen.''

Früher hatte HIRMER [8] die unter 2. angeführten Fälle als ,,einfache reguläre Systeme (Distichie)'' und ,,einfache nicht reguläre Systeme (Spirodistichie)'' getrennt und den beiden anderen (gedoppelte reguläre und nicht reguläre Systeme) gegenübergestellt.

Was HIRMER bei seiner Einteilung nicht berücksichtigt, ist die Tatsache, daß es sich bei den unter 1. und 2. genannten Stellungstypen um originäre an der Keimpflanze von vorneherein mögliche Blattanordnungen handelt, während die unter 3. angeführten den Limitdivergenzen folgenden Schraubenstellungen sich stets entweder aus einer Dekussation (1.) oder aus einer Spirodistichie (2.) herleiten lassen. Niemals finden wir zwischen den beiden ersten auf die Kotyledonen folgenden Blattorganen die Limitdivergenz (137° 30′ 28″) ausgebildet. Man vergleiche hierzu nochmals die Divergenztabellen von *Lactuca* und *Coronopus*. Wegen der unvermeidlichen Ungenauigkeit der Messungen kann man schon bei Winkelwerten von 135° bis 139° annehmen, daß es sich in Wirklichkeit um die Limitdivergenz handelt. Jedenfalls ist das Auftreten konstanter Divergenzen um 137° herum das Kennzeichen für das Ende der Übergangszone.

Was schließlich HIRMERs Konzeption der Limitdivergenz als solche betrifft, können wir diese durch unsere Untersuchungen nur bestätigen. HIRMER schreibt ([8], S. 105): ,,Die Stellung ergibt sich aus der Kombination zweier für die gedoppelte Spiralstellung charakteristischen Gestaltungsprinzipien: der spirotrophen relativen Alternanz der Systemkomponenten einerseits und andererseits der Äquidistanz der konsekutiven Glieder überhaupt.'' Und welche Stellung ist es, die aus dieser Kombination resultiert? HIRMER ([8], S. 91) kommt zu dem Ergebnis: ,,Die Lösung ist absolut erreicht bei

derjenigen Stellung, bei welcher die Radien durch die drei Organe der einen Systemkomponente die Kreisbogen zwischen je zwei Organen der anderen Systemkomponente nach gleichen Verhältnisreihen teilen. Der Divergenzwinkel, der hierbei erreicht wird, ist gleich dem bei der Teilung des Kreisumfanges nach dem Goldenen Schnitt. Es ist der Winkel = 137° 30' 28''."
(Dieser Winkel ist der Limitwert der SCHIMPER-BRAUNschen Hauptreihe 1/2, 1/3, 2/5, 3/8 usw.). Die Tabelle der Divergenzwerte von *Collomia grandiflora* ist eine Illustration zu den HIRMERschen Feststellungen.

Tabelle 3. Internodienlängen und Divergenzen einer Keimpflanze von *Collomia grandiflora*[1].

Winkel zwischen Blatt	Internodien- längen	Divergenzen nach dem			
		kurzen Weg		langen Weg	
1:2	0 mm	176°		180° + 4°	
2:3	1 mm		97°		180° + 97°
3:4	0 mm	175°		180° + 5°	
4:5	1 mm		83°		180° + 83°
5:6	0 mm	170°		180° + 10°	
6:7	0,8 mm		70°		180° + 70°
7:8	0,3 mm	158°		180° + 22°	
8:9	0,8 mm		55°		180° + 110°
9:10	0,5 mm	152°		180° + 28°	
10:11	0,5 mm		54°		180° + 125°
11:12	—	138°		180° + 42°	
12:13	—		43°		180° + 137°

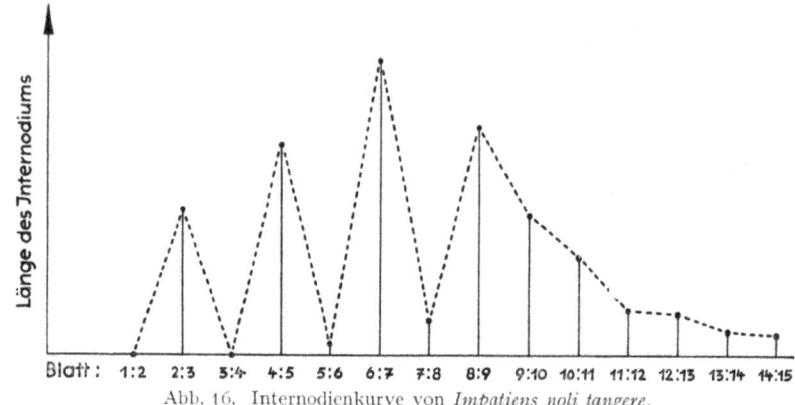

Abb. 16. Internodienkurve von *Impatiens noli tangere*.

Zu Anfang, solange noch ein Unterschied zwischen den Internodienlängen zwischen den Blättern eines Paares und zwischen den Paaren selbst besteht, finden wir parallel dazu auch noch Divergenzen von nicht viel weniger als 180° (nach dem kurzen Weg) zwischen den Blättern eines Paares und nicht viel mehr als 90° zwischen dem jüngeren Blatt des vorhergehenden und dem älteren des folgenden Paares. (180° und 90° wären die Divergenzen bei Dekussation.) In demselben Maß, in dem die Internodienlängen sich all-

---

[1] Die Divergenzwerte sind an dem in Abb. 1 dargestellten Exemplar gemessen, während die Internodienmessungen an einer anderen etwas älteren Pflanze vorgenommen wurden.

mählich angleichen (vgl. auch Abb. 16 und 17), notieren wir auch ein Abnehmen der von 180° und ein Zunehmen der von 90° ausgehenden Divergenzen, bis sie sich bei annähernd gleichen Internodienlängen bei der Limitdivergenz von 137° 30′ 28″ (180° + 42° 29′ 32″ nach dem langen Weg) treffen. Warum die Limitdivergenz und nicht eine Divergenz von 135° den Ausgleich vollendet, ergibt sich aus dem Einfluß auch der vorhergehenden und nachfolgenden Blätter, wie HIRMER ausführlich dargestellt hat.

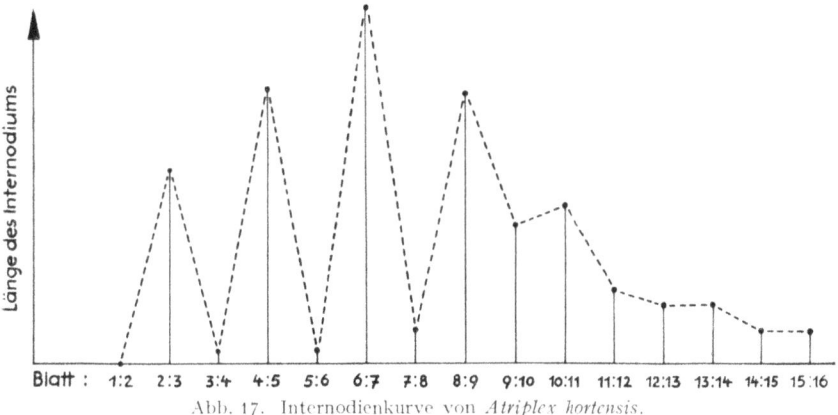

Abb. 17. Internodienkurve von *Atriplex hortensis*.

3. Die Blattstellungsverhältnisse in vier Dikotylenfamilien.

a) Umbelliferen.

Für die Umbelliferen ist zerstreute Blattstellung charakteristisch. Ein Fall von Dekussation oder einer anderen Wirtelstellung innerhalb der vegetativen Region ist mir nicht bekannt. Reine Distichie kommt bei einigen *Bupleurum*-Arten vor ([5], S. 105). Sie ist aber bei Betrachtung der ganzen Breite der Erscheinungen als recht selten zu bezeichnen. Dagegen finden wir typische Spirodistichie (Nr. 1 und 2) in dieser Familie fast ausschließlich. Abb. 18 gibt den Querschnitt einer Keimpflanze von *Foeniculum officinalis* wieder, bei welcher 9 Blätter die distiche Anfangsstellung aufweisen. Das Übergreifen der Blattbasenränder (Blatt 4 links über rechts, Blatt 5 rechts über links, Blatt 6 wieder links über rechts) weist auf eine allgemeine dorsiventrale Symmetrie hin, was manchmal, aber nicht immer, bei Zweizeiligkeit zu beobachten ist. Eine derartig ausgedehnte Anfangsdistichie konnte ich allerdings nur bei verhältnismäßig sehr wenigen Exemplaren von *Foeniculum* feststellen, vielmehr beginnt in den allermeisten Fällen die Orthostichendrehung viel früher, und zwar schon bei Blatt 3 (Abb. 19 und 20). Trotzdem kann man auch dann noch von einer „ausgeprägten Spirodistichie" (Nr. 1) sprechen. Die

Blattbasenränder überdeckten sich bei 40 von 51 untersuchten Keimpflanzen in spiraliger Reihenfolge. In den Fällen mit zunächst gegenwendiger Blattbasendeckung ging diese beim Übergang zur Orthostichendrehung in eine spiralige über.

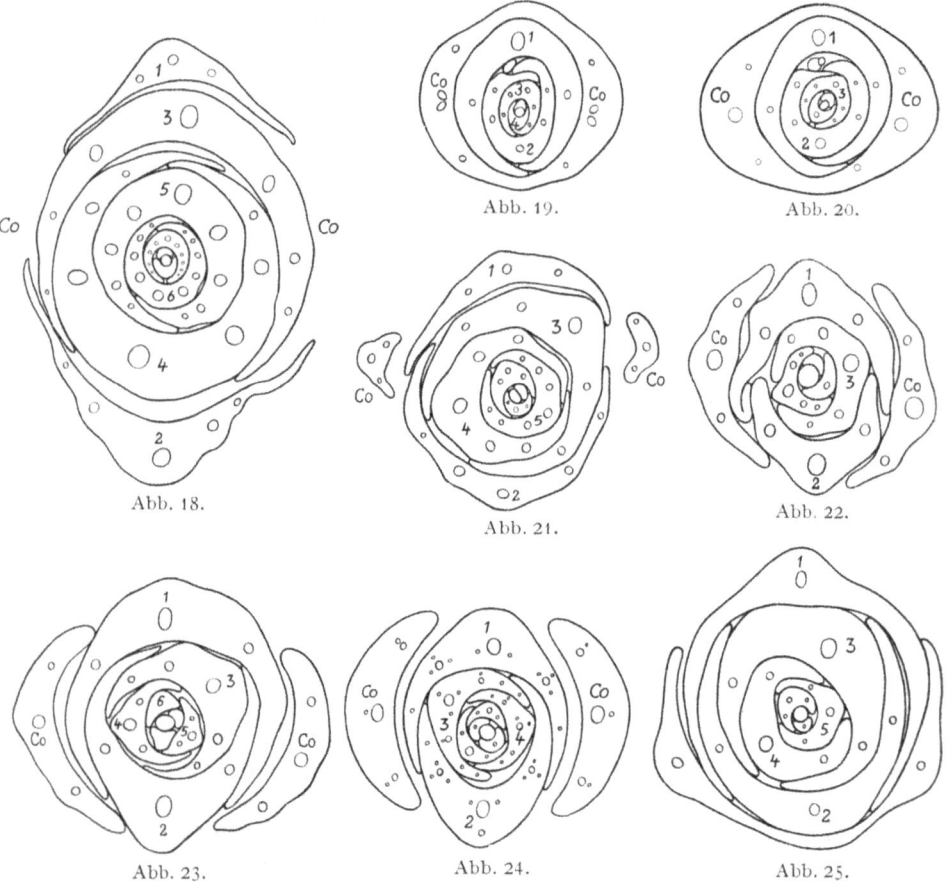

Abb. 18—25. Keimpflanzenquerschnitte von *Foeniculum officinalis* (18—20), *Petroselinum sativum* (21), *Daucus Carota* (22), *Anthriscus cerefolium* (23), *Scandix pecten Veneris* (24) und *Aquilegia vulgaris* (25).

Die Beispiele von *Foeniculum* mit besonders rascher ,,Drehung" (Abb. 20) leiten zu dem weitaus häufigsten Verhalten der Umbelliferen über, nämlich der ,,Spirodistichie bis Blatt 3" (Nr. 2), wofür Abb. 21 von *Petroselinum sativum*, Abb. 22 von *Daucus Carota*, Abb. 23 von *Anthriscus cerefolium* und Abb. 24 von *Scandix pecten Veneris* als Illustration dienen mögen. Besonders bei den beiden letztgenannten Vertretern ist die Spirodistichie im Schnittbild keineswegs mehr deutlich erkennbar, und die Ähnlichkeit des Übergangs mit demjenigen etwa bei *Brassica oleracea* (Abb. 35), den wir später als Spirodekussation (Nr. 4) deuten werden, ist groß. Untersuchen wir jedoch speziell Blatt 3 nach Größe und Stellung in der oben angegebenen Weise, so erscheint die Deutung als Spirodistichie durchaus berechtigt. Schließlich weist auch die Tatsache, daß bei den Umbelliferen Stellungen mit einem Primärblattwirtel ebenso wie Dekussation und aus der Dekussation abzuleitende Stellungen völlig fehlen, darauf hin, daß es sich auch in den Fällen wie *Scandix* um eine Spirodistichie bis Blatt 3 handelt, die damit als die weitaus häufigste und wichtigste Stellungsform der Umbelliferen zu gelten hat.

Die Stellungsverhältnisse der Umbelliferen lassen sich in folgendem Schema zusammenfassen, wobei die Größe der Einrahmung einen Hinweis auf die relative Häufigkeit der betreffenden Übergangsform geben soll. Natürlich kann es sich dabei nur um eine ganz grobe Schätzung handeln.

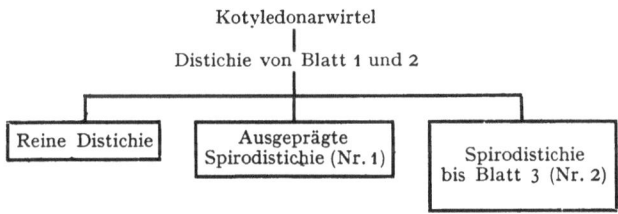

b) Ranunculaceen.

Auch die Ranunculaceen stellen eine Familie mit vorwiegend zerstreuter Blattstellung dar, und die Dekussation in der Gattung *Clematis* [6] ist ebenso als Ausnahme zu betrachten wie die reine Distichie bei *Ranunculus lateriflorus* ([5], S. 94). Ausgedehnte, über eine größere Anzahl von Blättern sich erstreckende Spirodistichie (Nr. 1) konnte an einer Reihe von Beispielen beobachtet werden, wenn man ihr Vorkommen auch nicht gerade als besonders häufig bezeichnen kann. Ähnlich wie bei den Umbelliferen ist das weitaus am meisten verbreitete Verhalten die Spirodistichie bis Blatt 3 (Nr. 2). Deshalb soll hier nochmals an drei Beispielen, die beliebig vermehrt werden könnten, auf diesen Übergangstyp eingegangen werden.

Betrachten wir zunächst *Aquilegia vulgaris* (Abb. 25). Im Gegensatz zu *Foeniculum* war hier bei sämtlichen untersuchten

Exemplaren Blatt 3 um einen Divergenzbetrag von etwa 30 bis 40° aus der 180°-Mediane der Blätter 1 und 2 verschoben, aber in 28 von 31 Fällen stand Blatt 4 Blatt 3 genau oder mit einer ganz geringen Abweichung (< 25°) gegenüber, während nur in drei Fällen eine stärkere Verschiebung stattgefunden hatte (Abb. 26). Also erst Blatt 5 leitet endgültig die Spiralstellung ein, und zwar meist mit einer

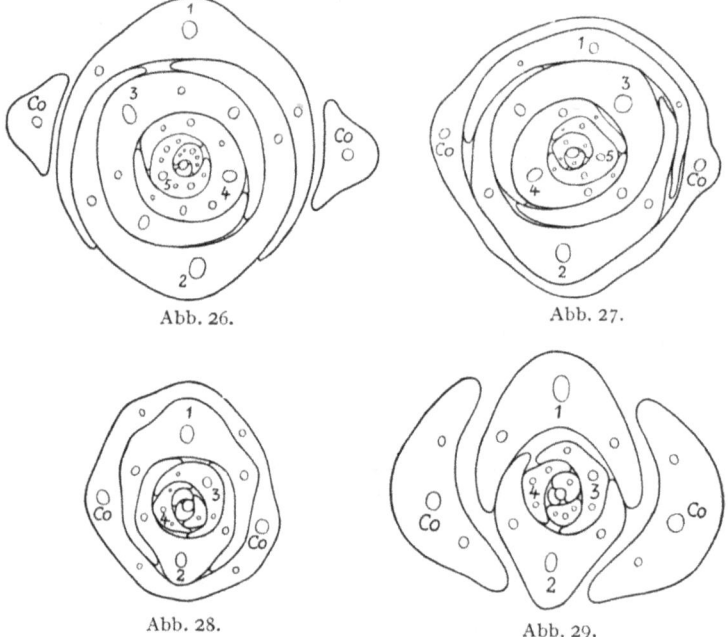

Abb. 26—29. Keimpflanzenquerschnitte von *Aquilegia vulgaris* (26), *Ranunculus abortivus* (27), *Ranunculus arvensis* (28) und *Nigella damascena* (29).

ziemlich energischen Drehung (Blatt 4 zu Blatt 5 = 180° + 50° bis 80°). Trotz der schon mit Blatt 3 beginnenden Orthostichendrehung ist bei dem eben geschilderten Verhalten die Ableitung aus der Distichie evident, und das Bild ist nicht mit einer Spirodekussation zu verwechseln. Wir zählen daher diesen Typ (eigentlich Spirodistichie bis Blatt 4) noch zu der Stellungsform Nr. 1 (ausgeprägte Spirodistichie). Ganz ähnliche Divergenzverhältnisse wie bei *Aquilegia* wurden bei 18 Keimpflanzen von *Ranunculus abortivus* (Abb. 27) gefunden, während bei 25 Querschnitten durch die Keimpflanzen von *Ranunculus arvensis* (Abb. 28) nicht ein einziges Mal Blatt 4 mit Blatt 3 eine 180°-Divergenz bildete, sondern stets die endgültige Spirale einleitete, so daß wir es in diesem Fall zweifellos mit Über-

Zerstreute Blattstellungen bei den Dikotylen. 21

gangsform Nr. 2 (Spirodistichie bis Blatt 3) zu tun haben. Wenn auch im Fall von *Ranunculus arvensis* durch Größe und Stellung von Blatt 3 eine Verwechslung mit Spirodekussation nicht möglich ist, so könnte in Fällen wie dem der abgebildeten *Nigella damascena* (Abb. 29) ähnlich wie bei *Scandix pecten Veneris* eine solche vorkommen, wenn nicht die lückenlose Übergangsreihe auch hier eine besonders schnell zur Dispersion übergehende Spirodistichie wahrscheinlich machen würde. Der Vergleich von *Aquilegia*, *Ranunculus* und *Nigella* zeigt, daß zwischen den Übergangsformen Nr. 1 und 2 kein grundsätzlicher, sondern nur ein quantitativer Unterschied besteht. Daraus erhellt auch die auffallende Einheitlichkeit der Blattstellungsverhältnisse innerhalb der großen Familien der Umbelliferen und Ranunculaceen.

Was schließlich das Vorkommen von Dekussation innerhalb der Gattung *Clematis* betrifft, konnte ich in einer speziellen Untersuchung [6] nachweisen, daß es keineswegs aus dem Rahmen der übrigen Ranunculaceen völlig herausfällt. Sowohl bei *Clematis Vitalba* als auch ganz besonders ausgeprägt bei *Clematis montana* geht der Dekussation eine auf den Kotyledonarwirtel folgende Spirodistichie voraus; nur bei *Clematis Viticella* und einigen anderen Arten setzt die Dekussation der Folgeblätter die Wirtelstellung der Kotyledonen direkt fort. Wie ich ausführlich darlegen konnte, ist es nicht unberechtigt, bei *Clematis Viticella* morphologisch eine Unterdrückung der distichen und spirodistichen Region anzunehmen. Wenn wir schließlich berücksichtigen, daß bei vielen Ranunculaceen beim Übergang in die Blütenregion die zerstreute Blattstellung in eine wirtelige, ja bei manchen sogar in eine dekussierte Anordnung übergeht, dann erscheint das Verhalten der von vorneherein dekussierten *Clematis*-Arten durchaus als eine extreme Variante der bei allen Ranunculaceen verwirklichten Stellungsfolge: Kotyledonarwirtel, Distichie, Spirodistichie, Dispersion, Wirtelstellung (Abb. 30).

Ein zusammenfassendes Schema der Blattstellungsverhältnisse der Ranunculaceen würde also dem der Umbelliferen weitgehend gleichen; die Übereinstimmung wäre noch vollständiger ausgefallen, wenn in beiden Fällen die Blütenregion der Pflanzen hätte mit einbezogen werden können.

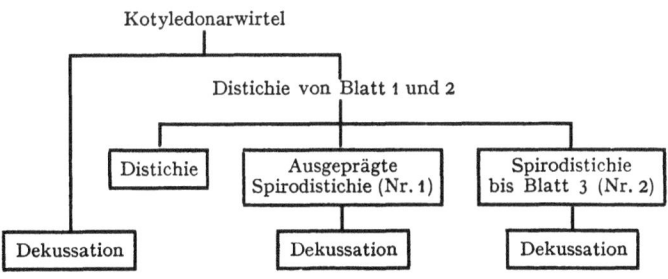

Im Anschluß an die Betrachtung der Umbelliferen und Ranunculaceen möchte ich noch einen kurzen Hinweis auf die auffallende Ähnlichkeit der Blattstellungsverhältnisse dieser beiden Familien mit denen der Monokotylen geben. Auch bei den Monokotylen insgesamt ist regelmäßig die Folge Distichie, Spirodistichie, Wirtelstellung in irgendeiner Abwandlung verwirklicht. Die Analogie geht zum Teil noch weiter, so sei nur auf den monokotylenähnlichen Gesamthabitus vieler Umbelliferen und Ranunculaceen verwiesen, und schließlich sei noch erwähnt, daß in beiden Familien Fälle von

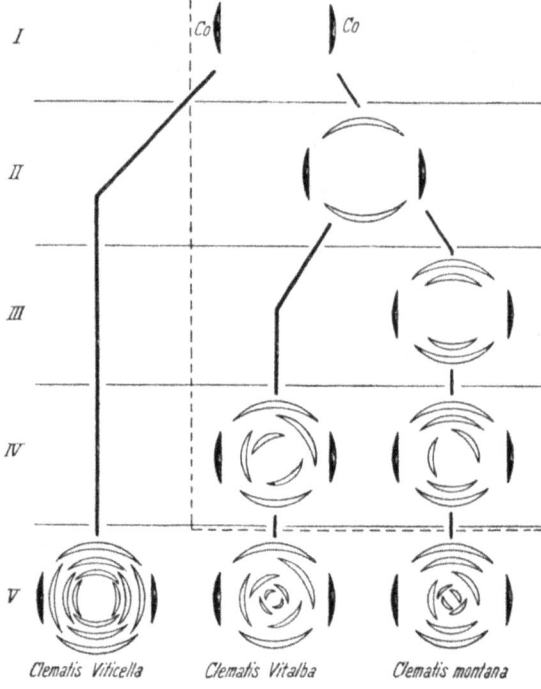

Abb. 30. Schematische Darstellung der Blattstellungen in der Gattung *Clematis*.

Monokotylie vorkommen z. B. *Ranunculus Ficaria, Carum bulbocastanum* und *Chaerophyllum bulbosum*. Bei den genannten drei Formen folgt auf den Monokotyledo eine in derselben Mediane liegende Distichie und Spirodistichie, ganz wie das von der überwiegenden Mehrzahl der Monokotylen bekannt ist. HUBERT WINKLER [28] hat solche Merkmale, die bestimmte Dikotylenfamilien mit den Monokotylen gemeinsam haben, zusammengestellt. Die Blattstellung betreffend wird nur die Distichie als verschiedentlich auch bei Dikotylen vorkommend erwähnt. Unsere Untersuchungen ergeben jedoch, daß sicher die Umbelliferen und Ranunculaceen und wahrscheinlich auch andere Familien wie z. B. die Rosaceen die ganze Reihe der möglichen Blattanordnungen, also den „Blattstellungstyp", mit den Monokotylen gemeinsam haben.

c) Cruciferen.

Wie schon ein grober Überblick (vgl. [5], S. 112) zeigt, finden wir in dieser Familie häufig einen auf den Kotyledonarwirtel folgenden weiteren Blattwirtel, während ein solcher bei den Umbelliferen nie und bei dem Ranunculaceen nur bei den wenigen von vorneherein dekussierten *Clematis*-Arten zu beobachten ist. Wir können also vermuten, daß die Übergangstypen Nr. 3 bis 6 vertreten sein werden.

Von Übergang Nr. 3, nämlich Wirtelauflösung, sprechen wir, wenn wie bei *Lunaria biennis* (Abb. 31) und bei *Iberis amara* (Abb. 32) die Zusammengehörigkeit der Blätter jedes Paares über eine größere Anzahl von Paaren hin deutlich wahrnehmbar ist. Die Auflösung erfolgt dadurch, daß zwischen die Organe eines Wirtels ein ganz kurzes Internodium eingeschaltet wird, daraus folgt ein Zusammenrücken der beiden folgenden schon durch einen deutlicheren Altersunterschied ausgezeichneten Blätter nach dem älteren der beiden vorhergehenden Blätter hin und so fort, bis jener oben geschilderte allmähliche Ausgleich der Internodien und Divergenzen vollendet ist und die Spiralstellung resultiert.

Es wäre müßig, entscheiden zu wollen, ob in dem abgebildeten Schnitt von *Iberis* (Abb. 32) die Wirtelauflösung mit den Blättern 3 und 4 oder mit den Blättern 5 und 6 beginnt. Nach Größe und Gestalt sind 3 und 4 und 5 und 6 noch Organe eines Wirtels, aber das leichte Hinwenden von 5 und 6 nach Blatt 3 hin und von 7 und 8 nach Blatt 5 hin kennzeichnet die Blätter 3 und 5 als die älteren Partner des Paares, wenn man ihre Stellung nicht als sekundär infolge des Wachstums des folgenden Blattes verschoben ansehen will. Auch *Erysimum Perowskianum* (Abb. 33) ist noch zum Typus der ausgeprägten Spirodekussation (Nr. 3) zu zählen, wenn auch der Altersunterschied zwischen den Blättern 3 und 4 schon durch einen geringen Größenunterschied und durch die Stellung von 5 und 6 deutlich wird.

Ein anderes mit dem eben beschriebenen nicht zu verwechselndes Bild ergeben Keimpflanzenschnitte von *Raphanus*- (Abb. 34) und *Brassica*-Arten (Abb. 35). Hier erstreckt sich schon zwischen den Folgeblättern 1 und 2 ein deutliches Internodium, erkennbar am Größenunterschied und am Verhalten der folgenden zwei Blätter. Da es sich also bei den Blättern 1 und 2 um zwei an verschiedenen Sproßknoten mit etwa 180°-Divergenz (nur solange das Primordium des dritten Blattes noch nicht ausgebildet ist) einander gegenüberstehende Blattorgane handelt, könnte man hier genau wie bei Übergangstyp Nr. 2 von einer auf den Kotyledonarwirtel folgenden Distichie der ersten beiden Blätter sprechen, die durch sehr rasche

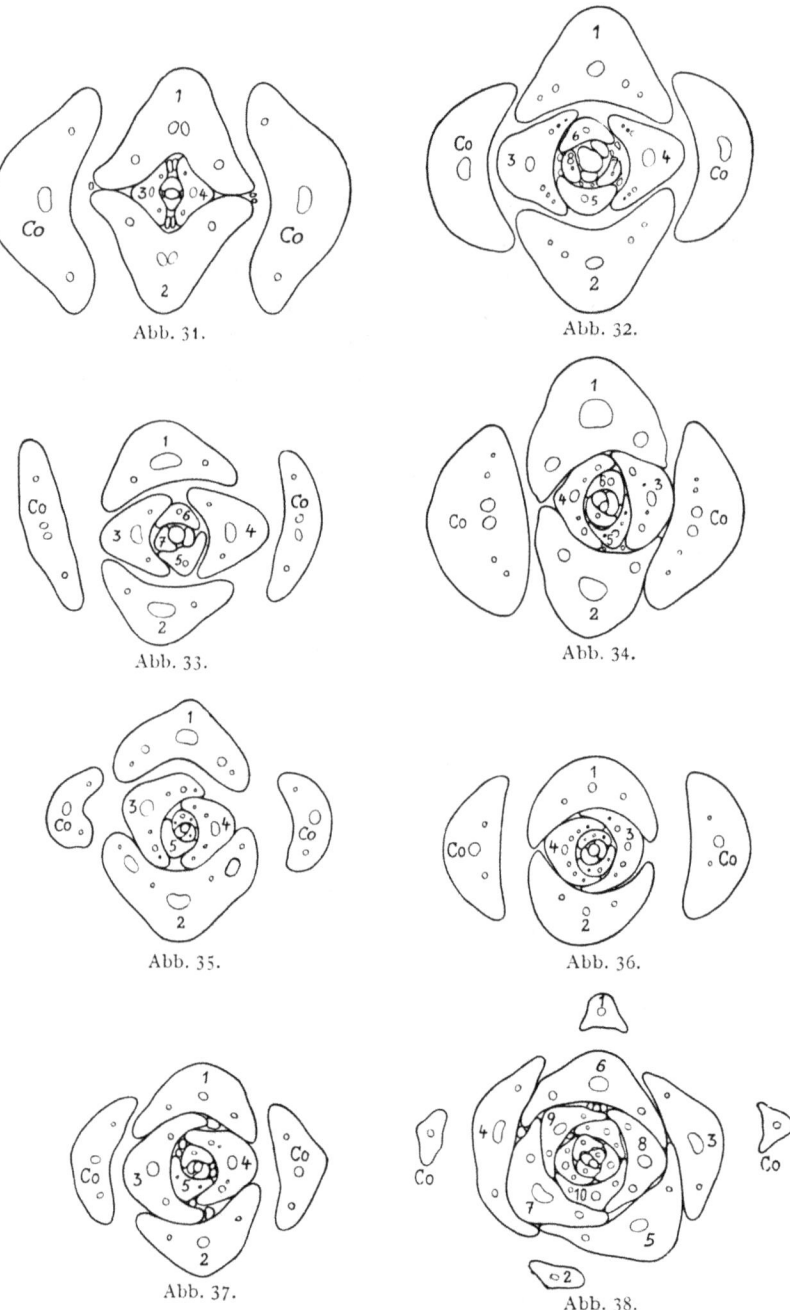

Abb. 31—38. Keimpflanzenquerschnitte von *Lunaria biennis* (31), *Iberis amara* (32), *Erysimum Perowskianum* (33), *Raphanus sativus* (34), *Brassica oleracea* (35), *Conringia orientalis* (36), *Hesperis matronalis* (37) und *Thlaspi arvense* (38).

Orthostichendrehung zur Dispersion übergeht. Ich habe früher selbst diese Auffassung bei vielen Pflanzen vertreten [5], bei denen ich sie heute auf Grund meiner weiteren Untersuchungen ablehne. Vergleichen wir die Abbildungen von *Erysimum Perowskianum* (Abb. 33), *Raphanus sativus* (Abb. 34) und *Brassica oleracea* (Abb. 35), dann haben wir eine lückenlose Übergangsreihe von allmählicher bis zu sofort einsetzender Wirtelauflösung, die uns dazu berechtigt, auch die *Brassica*-Blattstellung als von der Dekussation abgeleitet zu bezeichnen und zwar als Spirodekussation vom ersten Blattpaar an (Nr. 4), trotz ihrer großen Ähnlichkeit mit der Spirodistichie etwa von *Scandix pecten Veneris* (Abb. 24) oder *Nigella damascena* (Abb. 29). Wir haben oben am Beispiel von *Coronopus* und *Lactuca* die Unterschiede zwischen den beiden Übergangsformen ausführlich besprochen. Bei *Brassica* (ähnlich verhalten sich auch *Sinapis*- und *Lepidium*-Arten) sind die oben genannten Unterscheidungsmerkmale nicht mehr so eindeutig wie etwa noch bei *Raphanus*. Betrachtet man aber *Raphanus* und *Brassica* nebeneinander, so würde es gezwungen erscheinen, wenn man die Blattstellung bei *Raphanus* von der Dekussation und bei *Brassica* von der Distichie herleiten wollte.

Der besonders bei *Brassica* auch im Schnittbild deutlich erkennbare Altersunterschied der Blätter 1 und 2 ist aus den entsprechenden Abbildungen von *Conringia orientalis* (Abb. 36) und von *Hesperis matronalis* (Abb. 37) nicht so klar ersichtlich. Trotzdem ergibt sich aus der Stellung der Blätter 3 und 4 und vor allem auch aus der Beobachtung des Gesamthabitus, daß es sich auch hier um den Übergangstyp Nr. 4 handelt, der zwar als aufgelöste Dekussation zu verstehen ist, bei dem aber von vornherein kein Wirtel mehr ausgebildet wird. Diese Übergangsform ist bei den Cruciferen am häufigsten anzutreffen.

Bei einigen Cruciferen ist ein durch Stellung und Blattgestalt deutlich von den übrigen Folgeblättern abgesetzter Primärblattwirtel ausgebildet. Die auf diesen Wirtel folgenden Blätter zeigen meist alle Kennzeichen der Spirodekussation. Es ist, als wäre zwischen den Kotyledonarwirtel und die „Spirodekussation nach dem Muster von *Raphanus*" noch ein weiterer Wirtel dazwischen geschaltet. Man vergleiche hierzu das Schnitt- und das Habitusbild von *Thlaspi arvense* (Abb. 38 und Abb. 39). Als weiteres Beispiel für eine solche „Spirodekussation mit Primärblattwirtel" (Nr. 6) wäre etwa *Malcolmia maritima* zu nennen.

Die Einordnung der Wirtelauflösung mit vorangehendem Primärblattwirtel als besonderen Übergangstyp erscheint berechtigt, wenn wir schließlich die Fälle betrachten, die dem Übergang Nr. 5 entsprechen, nämlich der **Spirodistichie mit Primärblattwirtel**, wie *Alliaria officinalis* (Abb. 40) und *Isatis tinctoria* (Abb. 41). In beiden Fällen folgt auf den Primärblattwirtel eine gut ausgeprägte Spirodistichie, die bei *Isatis* schneller als bei *Alliaria*, zur endgültigen Spiralstellung einschwenkt. Zu erwähnen ist noch, daß andere Arten der Gattung *Isatis*, z. B. *Isatis violascens*, eine auf den Primärblattwirtel folgende Spirodekussation aufweisen.

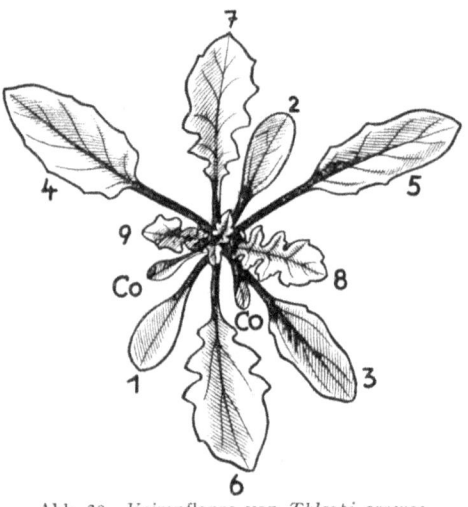

Abb. 39. Keimpflanze von *Thlaspi arvense*.

Betrachten wir die Cruciferen zusammenfassend, so ist festzustellen, daß die bei den Umbelliferen und Ranunculaceen ausschließlich vorkommenden Übergangsformen nach dem Typus Nr. 1 und 2 nicht vertreten sind, dafür aber die Typen Nr. 4 bis 6 und zwar die von der Dekussation abzuleitende ausgeprägte Spirodekussation weitaus am häufigsten. Es paßt in das Gesamtbild, daß es auch Cruciferen gibt, die man als in der gesamten vegetativen Region dekussiert beblättert bezeichnen kann. Es handelt sich um Vertreter besonders der Gattungen *Heliophila* und *Eunomia*. Die Wirtelauflösung beginnt hier erst bei den Blättern, deren Achselsprosse sofort Blüten ausbilden. So zeigt auch die Familie der Cruciferen eine typische Einheitlichkeit der Blattstellungsverhältnisse, der man systematische Bedeutung zusprechen kann.

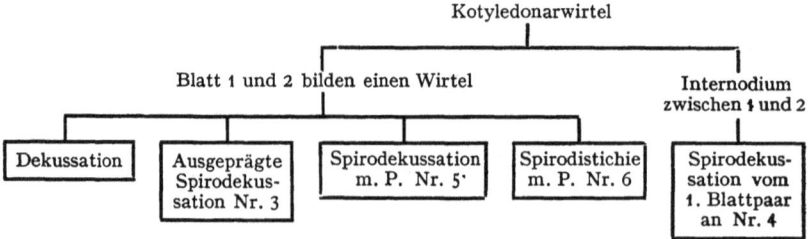

Zerstreute Blattstellungen bei den Dikotylen. 27

d) Compositen.

Im Gegensatz zu der auffallenden Einheitlichkeit der eben beschriebenen Familien, wo die Spirodistichie charakteristisch für die

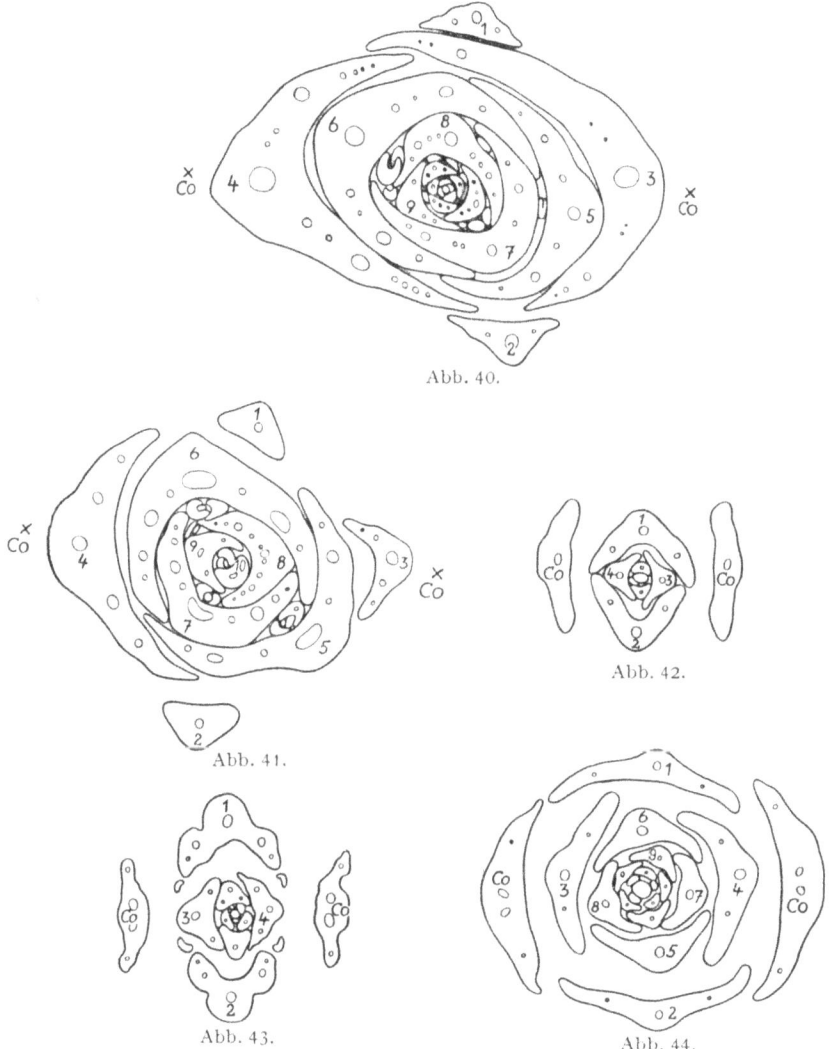

Abb. 40—44. Keimpflanzenquerschnitte von *Alliaria officinalis* (40), *Isatis tinctoria* (41), *Calendula officinalis* (42), *Tagetes patula* (43) und *Helipterum roseum* (44).

Ranunculaceen und Umbelliferen und die Spirodekussation Merkmal der Cruciferen ist, finden wir bei den Compositen (vgl. [5], S. 120) sämtliche 6 Übergangsformen verwirklicht. Während die neueren Handbücher der Systematik höchstens schreiben, daß die

— 313 —

Blätter der Compositen „meist wechsel- oder gegenständig" seien, charakterisiert HOFFMANN [12] 1891 die Blattstellungsverhältnisse der Compositen wie folgt: „Die Blätter sind vorwiegend abwechselnd. Gegenständige Blätter kommen bei manchen Arten und Gattungen vor, bei der großen Tribus der *Heliantheae* bilden sie die Regel." Dieser Hinweis deutet die Möglichkeit an, nach einheitlichen Blattstellungsverhältnissen innerhalb der Untergruppen dieser großen Familie zu suchen.

Betrachten wir zunächst unvoreingenommen die ganze Breite der Vorkommen, so ist festzustellen, daß die von der Dekussation abzuleitenden Übergangstypen (Nr. 3 bis 6) zahlenmäßig die Fälle mit Spirodistichie bei weitem übertreffen. Wir finden häufig eine auf mehrere Wirtel folgende allmähliche Wirtelauflösung. *Helianthus annuus* ist ja ein schon klassisches Beispiel dafür. Auf Keimpflanzenquerschnitten ist meistens die Wirtelauflösung nicht gleichzeitig mit den Keimblättern zu treffen. Internodienkurven würden den gleichen Verlauf haben wie die in Abb. 16 von *Impatiens* und in Abb. 17 von *Atriplex* gezeichneten. Ähnlich verhalten sich *Calendula officinalis* (Abb. 42), *Tagetes* (Abb. 43) und viele andere Vertreter der *Tubuliflorae*. Als Wirtelauflösung (Nr. 3), die zwar manchmal infolge allgemein ziemlich kurzer Internodien nicht so deutlich ausgeprägt ist, können wir auch die Blattstellung von *Helipterum roseum* (Abb. 44), *Matricaria Chamomilla* (Abb. 45) und von *Chrysanthemum annuum* (Abb. 46) bezeichnen.

Erfolgt die Auflösung der Wirtel schon beim ersten Blattpaar, dann haben wir den vom Übergangstyp Nr. 3 nur quantitativ verschiedenen Übergangstyp Nr. 4 vor uns, wie ihn Abb. 49 von *Gaillardia amblydon* und Abb. 47 von *Centaurea calcitropa* demonstrieren. Bei dem letzten Beispiel könnte man wieder im Zweifel sein, ob nicht die Lage von Blatt 3 für die Deutung als „rasche Spirodistichie" (Nr. 2) spricht. An der Pflanze selbst ist jedoch die jeweilige Zusammengehörigkeit von Blatt 1 und 2 und von Blatt 3 und 4 augenfällig. Eine Bestätigung unserer Klassifizierung sehen wir in dem Nachweis einer lückenlosen Übergangsreihe von der unverkennbaren Wirtelauflösung (Abb. 44—46) bis zu dem Verhalten der *Centaurea*-Arten. Betrachten wir die Schnittbilder von *Onopordon Acanthium* (Abb. 48) und von *Helipterum corymbifolium* (Abb. 50), so leuchtet die Dekussation in der Anordnung der Blätter noch deutlich durch, obwohl genau genommen schon die ersten beiden keinen echten Wirtel bilden. Immerhin

Zerstreute Blattstellungen bei den Dikotylen. 29

stehen sie fast auf gleicher Höhe und sind durch ein größeres Internodium von den folgenden Blättern getrennt. Genau das gleiche haben wir bei dem mit Centaurea nah verwandten *Carthamus tinctorius*, und schließlich findet man auch bei *Centaurea calcitropa*

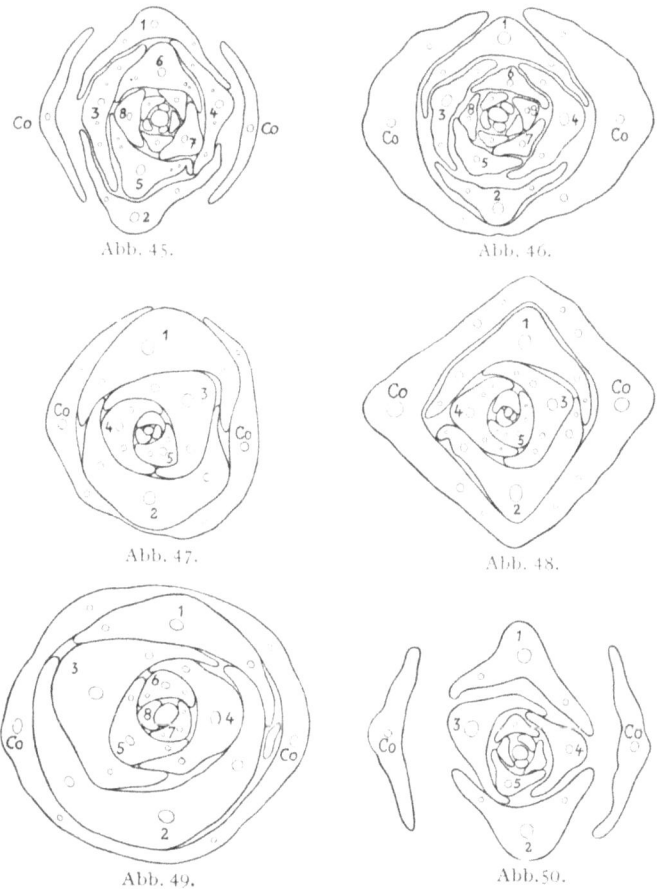

Abb. 45—50. Keimpflanzenquerschnitte von *Matricaria Chamomilla* (45), *Chrysanthemum annuum* (46), *Centaurea calcitropa* (47), *Onopordon Acanthium* (48), *Gaillardia amblydon* (49) und *Helipterum corymbifolium* (50).

einzelne Exemplare, bei denen zwischen dem ersten und zweiten Blatt nur ein kaum wahrnehmbares Internodium ausgebildet ist. Wir können also die in Abb. 47—51 dargestellten Keimpflanzenblattstellungen sämtliche dem Typ Nr. 4 zuordnen.

Bei einigen der dargestellten Pflanzen könnte man versucht sein, auf dem Schnittbild in den ersten beiden Blattorganen einen Primärblattwirtel zu vermuten. Dagegen spricht aber, daß die

Gestalt dieser Blattorgane sich nicht mit der nötigen Deutlichkeit von der der folgenden abhebt. Diese Forderung wird schon eher erfüllt bei *Ammobium alatum* (Abb. 52), dessen Blattstellung wir daher als Spirodekussation mit Primärblattwirtel (Nr. 6) bezeichnen können. Schließlich fehlt auch bei den Compositen der

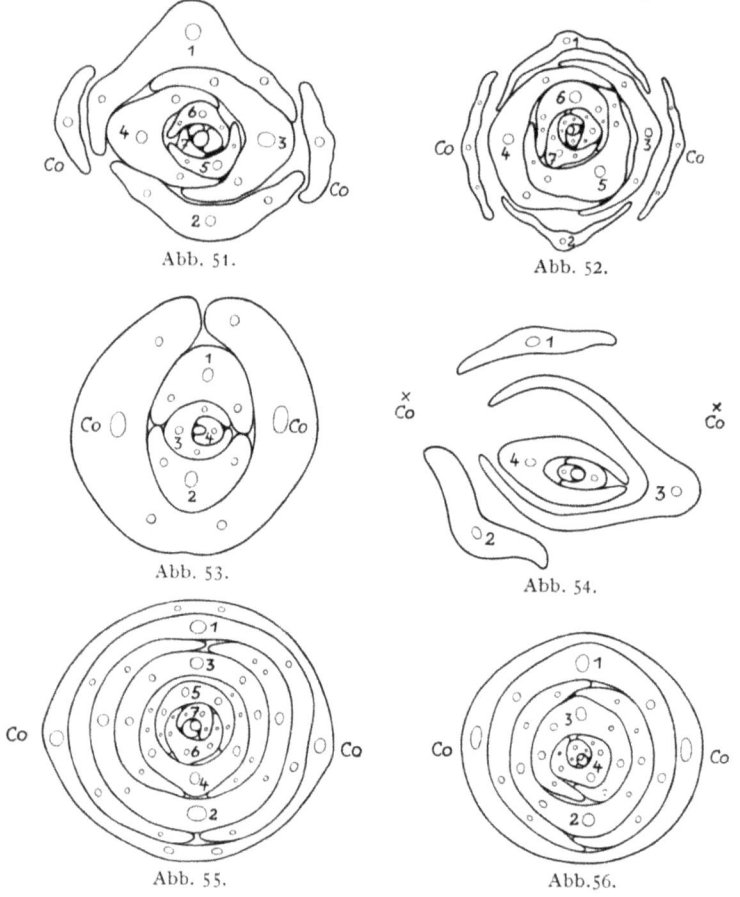

Abb. 51—56. Keimpflanzenquerschnitte von *Helichrysum monstrosum* (51), *Ammobium alatum* (52), *Inula Helenium* (53), *Helipterum Manglesii* (54), *Tragopogon pratense* (55) und *Scorzonera purpurea* (56).

Übergang Nr. 5 nicht, wie Abb. 53 von *Inula Helenium* beweist, wo wir wie bei *Alliaria* und *Isatis* eine auf einen Primärblattwirtel folgende Spirodistichie beobachten können.

Es paßt in das einheitliche Bild, daß *Helipterum Manglesii* (Abb. 54), welches sich durch seine rein distiche Beblätterung grundsätzlich von den übrigen *Helipterum*-Arten und der ganzen Gruppe seiner näheren Verwandtschaft zu unterscheiden scheint, einen der Distichie vorangehenden Primärblattwirtel aufweist. Man braucht sich nur bei der Spirodistichie mit Primärblattwirtel, deren Zusammenvorkommen mit den auf die Dekussation zurückgehenden Blattstellungen wir bei den Cruciferen erkannten, die Orthostichendrehung unterblieben zu denken,

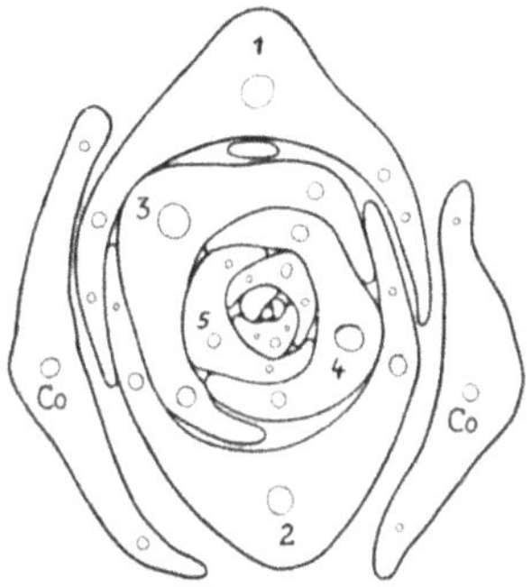

Abb. 57.

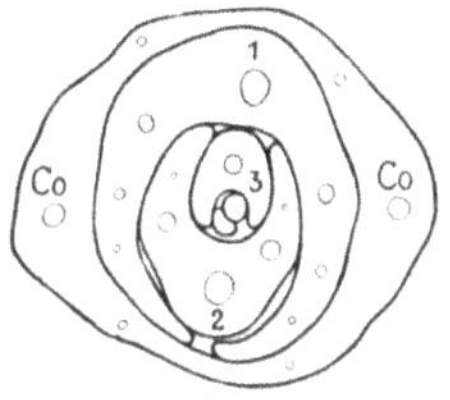

Abb. 58.

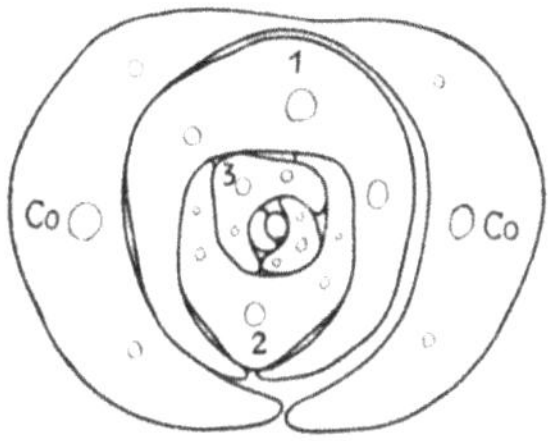

Abb. 59.

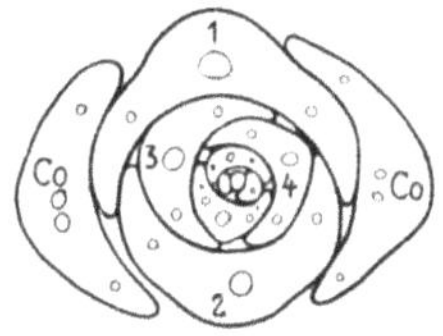

Abb. 60.

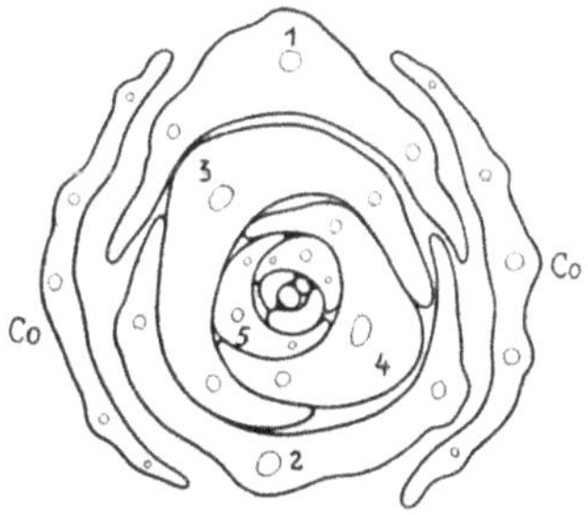

Abb. 61.

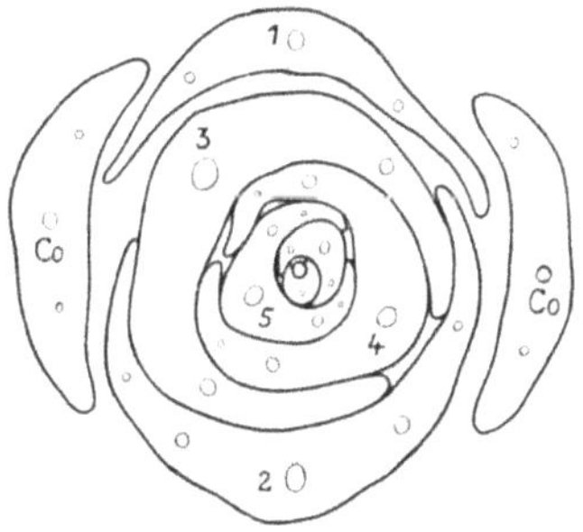

Abb. 62.

Abb. 57—62. Keimpflanzenquerschnitte von *Lactuca virosa* (57), *Catananche coerulea* (58), *Lampsana communis* (59), *Crepis rubra* (60), *Aster spec.* (61) und *Grindelia squarrossa* (62).

dann haben wir das Verhalten von *Helipterum Manglesii*, das somit keineswegs aus dem Rahmen fällt.

Nachdem wir jetzt das Vorkommen der Übergangstypen Nr. 4 bis 6 durch Beispiele belegen konnten, bleiben noch die spirodistichen Stellungen, die sich ja laut Einleitung ebenfalls bei den Compositen finden lassen. Wir stellen fest, daß wir die spirodistichen

Blattstellungen hauptsächlich innerhalb der sich von den *Tubuliflorae* charakteristisch abhebenden Gruppe der *Liguliflorae* treffen. Es erscheint uns nur folgerichtig, wenn wir auch gerade innerhalb dieser Gruppe verschiedentlich einen stark an Monokotyle erinnernden Gesamthabitus begegnen. Man denke nur an *Tragopogon*

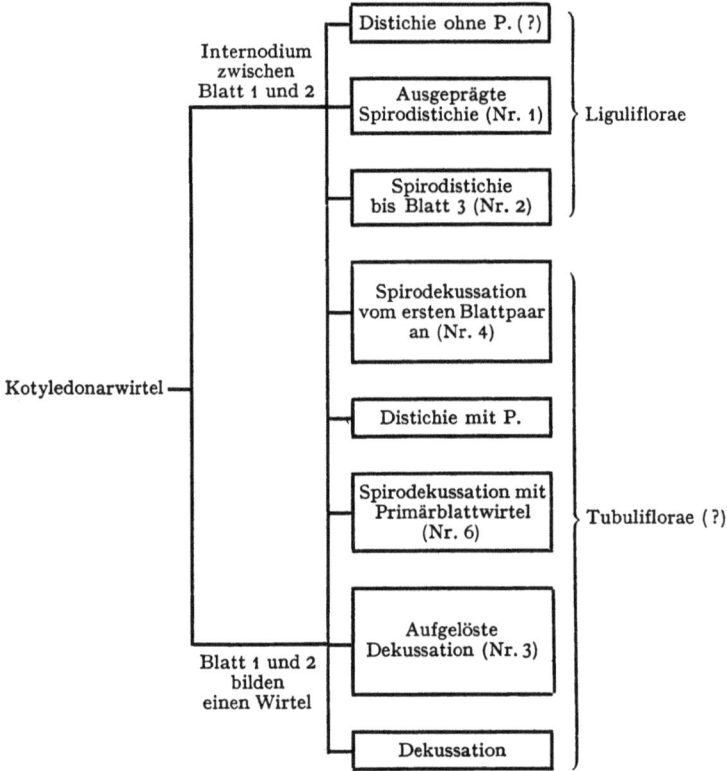

und *Scorzonera*, zwei Pflanzen, die auch eine sehr ausgeprägte Spirodistichie mit langer distischer Zone aufweisen (Abb. 55 und 56). Es wäre nicht erstaunlich in dieser Verwandtschaftsgruppe auch Fälle von reiner Distichie und zwar ohne Primärblattwirtel zu finden; es ist mir allerdings bis jetzt noch nicht gelungen, ein solches Vorkommen nachzuweisen.

Eine ganze Reihe weiterer Vertreter der Ligulifloren weist den Übergangstyp Nr. 2 auf. Wir beschrieben ihn oben schon näher am Beispiel von *Lactuca sativa* (Abb. 12). Hier seien außerdem noch angeführt *Lactuca virosa* (Abb. 57), *Catananche coerulea* (Abb. 58) und *Lampsana communis* (Abb. 59). Für *Crepis rubra* (Abb. 60) stehen wieder wie bei *Sxandix* und *Nigella* beide Deutungsmöglichkeiten (Typ Nr. 2 und 4) offen. Auch hier neigen wir dazu den Vergleich mit den Blattstellungen nah verwandter Pflanzen den Ausschlag geben zu lassen. Allerdings umfassen meine Untersuchungen an Compositen noch nicht genug Pflanzen, um schon jetzt behaupten zu können, daß die Übergangstypen Nr. 3—6 innerhalb der Gruppe der Ligulifloren überhaupt nicht vorkämen, so wie das von den Ranunculaceen und Umbelliferen feststeht. Das wäre voreilig, aber die Häufung der spirodistichen Übergänge gerade in dieser Verwandtschaft ist schon auffallend genug, um zu einem besonderen Hinweis zu berechtigen. Andererseits ist zu vermuten, daß die Spirodistichie auch innerhalb der Tubulifloren nicht fehlt, wie die Abbildungen der Keimpflanzenquerschnitte einer *Aster*-Art (Abb. 61) und von *Grindelia squarrosa* (Abb. 62) dartun.

Von der schematischen Darstellung der Blattstellungsverhältnisse der Compositen gilt das von den vorangegangenen Darstellungen dieser Art Gesagte in hervorragendem Maß, sie kann nur eine ganz grobe Schätzung der Verhältnisse wiedergeben, da noch viel zu wenig Vertreter auf ihre Blattstellung hin genau untersucht wurden.

Diskussion und Zusammenfassung der Ergebnisse.

Zum Schluß möchte ich die eingangs aufgeworfene Frage nach der Verwertbarkeit der geschilderten Typologie für die Systematik wieder aufgreifen und zugleich, wenigstens soweit es unsere spezielle Fragestellung berührt, einen Blick auf das Verhältnis von Typologie und Phylogenetik werfen.

Auch für einen entschiedenen Vertreter der „phylogenetischen Systematik" steht fest, daß der Gesamtbau des natürlichen Systems ganz überwiegend auf den Ergebnissen der Morphologie aufgebaut ist, und zwar nicht einer beschreibenden, sondern der vergleichenden Morphologie oder Typologie. Daher ist entscheidend für den Wert einer systematischen Charakterisierung, daß **analoge Bildungen der Organismen als solche erkannt und nicht etwa als homolog erachtet und mit gleichen Ausdrücken bezeichnet werden.**

Die Blattstellung gehört zu denjenigen Merkmalen der vegetativen Region der Pflanze, die bei der Abgrenzung systematischer Einheiten verhältnismäßig häufig genannt werden. Die gebräuchliche Kennzeichnung „wechselständige oder alternierende Blattstellung" ist jedoch nicht eindeutig, denn sie umgreift, wie unsere Untersuchungen gezeigt haben, zwei typisch verschiedene Blattanordnungen, nämlich die Spirodistichie und die Spirodekussation (einfache und zusammengesetzte Spiralstellungen" bei SCHÜEPP [22] oder „einfache und gedoppelte nicht reguläre Systeme" bei HIRMER [8] und [9]. Es ist folglich nicht genügend exakt, wenn den Cruciferen gleicherweise wie den Umbelliferen „wechselständige Blattstellung" zugesprochen wird. Daraus erhellt, daß die Anordnung der Blattorgane für systematische Erörterungen nur bedingt brauchbar ist, solange noch keine einwandfreie, die ganze Breite der Erscheinungen umfassende Typologie der Blattstellungen vorliegt. Eine solche steckt aber trotz vieler wertvollen Veröffentlichungen auf diesem Gebiet noch durchaus in den Anfängen.

Als ein Beispiel für viele sei hier nur ein unlängst erschienener Versuch angeführt, unter anderem auch phyllotaktische Gegebenheiten für eine Reformierung der Systematik auszuwerten. R. LEONHARDT [13] betont in seinen „Betrachtungen zur Systematik der Compositen" sehr mit Recht die Notwendigkeit der „Ausschöpfung aller Merkmale", wobei er auch die Blattstellung als „systematisch wichtiges Merkmal" berücksichtigt haben will. Er kommt zu folgenden Feststellungen: die gegenständige Blattstellung sei bei den Compositen selten, und die schraubige, die er als die ursprünglichere ansieht, herrsche bei weitem vor. Demgegenüber ist festzuhalten, daß eine auf typologischer Aufgliederung beruhende Grenze nicht zwischen den gegenständig und den zerstreut beblätterten Vertretern zu ziehen ist, sondern daß die Arten mit Dekussation und mit der aus dieser abzuleitenden Dispersion den spirodistich dispergiert beblätterten gegenüberzustellen sind. Dann wird aber das gegenseitige Verhältnis innerhalb der Compositen ein ganz anderes, denn die auf die Dekussation zurückgehenden Stellungen überwiegen — soviel steht trotz unserer noch nicht abgeschlossenen Untersuchungen schon fest — bei weitem die spirodistichen Beispiele. Wie oben näher ausgeführt ergibt sich damit eine Bestätigung für die von LEONHARDT aus anderen Gründen geforderte Sonderstellung der Liguliflores. Es bestände aber keine Berechtigung, „von den *Eupatorieae* die Gattungen mit schraubiger Blattstellung abzutrennen" und den dekussierten voranzustellen, wie LEONHARDT wünscht.

Obwohl an der typologischen Verwandtschaft der Dekussation mit der durch Wirtelauflösung entstandenen Dispersion kein Zweifel ist, hat die Nomenklatur dies bisher nicht berücksichtigt. So kommt es, daß LEONHARDT auf ihr fußend die gegenständige und die schraubige Blattstellung in jedem Fall als typisch verschieden ansieht und unter Verquickung mit phylogenetischen Gedankengängen auf ganz eigenartige Konstruktionen verfällt. Er meint (S. 303), aus einer Dekussation der Stengelblätter könne „überhaupt keine ziegeldachige Anordnung der Hüllblätter hervorgehen". „Da nun *Eupatorium* und andere Gattungen trotz gegenständiger Blattstellung ziegeldachige Anordnung der Hüllblätter aufweisen, so muß dieselbe bereits vorhanden und erblich fixiert gewesen sein, ehe die Gegenständigkeit der Laubblätter, die ja bei den Compositen verhältnismäßig selten ist und als abgeleitetes Merkmal zu gelten hat, erworben worden ist. Es muß also auch bei den Gattungen, die heute gegenständige Blätter haben, sofern bei denselben die Hüllblätter ziegeldachig angeordnet sind, bzw. bei ihren Vorfahren, die Stellung der Blätter am Stengel schraubig gewesen sein."

Das angeführte Beispiel „phylogenetisch-systematischer Betrachtungen" ist nicht nur symptomatisch für die entscheidende Bedeutung einer auf vergleichend morphologischer Analyse gründenden Terminologie, sondern auch typisch für die verfrühte Verquickung morphologischer, systematischer und phylogenetischer Gesichtspunkte. Hierzu sei PLANTEFOL [15] zitiert. In einer interessanten größeren Veröffentlichung über phyllotaktische Fragen lehnt er die GOEBELsche Ableitung der Monokotylenblattstellungen aus der Distichie ab mit der Begründung, daß die Distichie als endgültige Blattstellung innerhalb der Monokotylen gerade bei den systematisch höherstehenden Familien besonders häufig vorkomme, z. B. bei den Gramineen und Iridaceen und auch bei den Amaryllidaceen und Orchideen. Immer aber müsse das, von dem etwas abgeleitet wird, älter und primitiver sein als das Abgeleitete. Es handelt sich hier um ein weit verbreitetes Mißverständnis. Wenn z. B. die Gestaltwandlungen (Metamorphosen) des Blattes wie die Niederblätter und Hochblätter oder die Fiederblätter und Schildblätter alle auf einen „Urtyp" des Blattes zurückgeführt werden, so ist damit noch gar nichts darüber ausgesagt, wie die Blätter der ersten Kormophyten ausgesehen haben. Sehr wahrscheinlich glichen sie nicht dem, was man sich unter einem „typischen Blatt" vorstellt.

Es ist nicht zulässig, den „Typus" des Morphologen mit der phylogenetischen Urform einfach gleichzusetzen. Der „Typ" hat eigentlich immer die ganze Breite der Abwandlungsmöglichkeiten zu beinhalten. Man muß also abstrahieren, wenn man ihn gestaltlich fixieren will. Konkret ausgedrückt: will man den „Typ des Blattes" zeichnen, etwa für didaktische Zwecke, dann wählt man eine (in der Natur nie vorkommende) möglichst undifferenzierte Mittelform, von der man durch verschiedene Variationen der Wachstumsproportionen[1] sämtliche tatsächlichen Ausbildungen „ableiten" kann. Eine solche typologische Ableitung hat also zunächst mit Phylogenie überhaupt nichts zu tun.

Der Typ der Monokotylenblattstellung enthält genau genommen die Folge: Distichie-Spirodistichie-Wirtelstellung. Man hat also bei der

---
[1] Man vergleiche hierzu TROLL [27].

Erfassung einer „phyllotaktischen Gestalt" nicht nur eine räumliche Konfiguration, sondern auch das ontogenetische zeitliche Nacheinander zu berücksichtigen. Würde man analog wie bei der Blatt-Typologie vorgehen, dann müßte man etwa die Mitte dieser Reihe, also die Spirodistichie, als Ausgang nehmen und die Distichie als Hemmungsbildung und die Wirtelstellung als Weiterentwicklung derselben beschreiben. Diese Betrachtungsweise würde den morphologischen Sachverhalt ebenso wiedergeben wie die bisher übliche von GOEBEL eingeführte. GOEBEL ist von der Ontogenie ausgegangen und sagt ausdrücklich ([4], S. 280), daß er eine solche Ableitung „nicht etwa phylogenetisch, sondern in der Einzelentwicklung" verstanden wissen möchte. Würde man dies aber zum Grundsatz morphologischer Ableitungen überhaupt machen, dann müßte man, um konsequent zu sein, die Folgeblätter als Weiterentwicklung der Primärblätter und nicht wie üblich diese als Hemmungsbildung jener auffassen.

Trotzdem bin ich dafür, diesen Widerspruch bestehen zu lassen und weiter wie üblich zu interpretieren aus folgendem Grund. Während man beim Blatt den ganzen Bereich der Abwandlungen versinnbildlichen kann als eine Kreisfläche, deren Zentrum (das ist die in keiner Richtung besonders weiterentwickelte oder gehemmte Gestalt) man sozusagen stellvertretend für ihren Gesamtinhalt als den Grundtyp herausstellt, handelt es sich bei den Monokotylenblattstellungen mehr um eine lineare Folge, die in der Distichie einen wohlabzugrenzenden Anfang, aber in der Wirtelstellung kein eigentliches Ende hat. Sie ist zwar nicht endlos, aber man kann nicht genau angeben, über welche Zahl von Gliedern eines Wirtels hinaus keine weitere Vermehrung mehr möglich ist. Was oben ein Kreis war, wäre hier als Strahl zu symbolisieren, dessen ausgezeichnetster Punkt sein Anfangspunkt ist. Wenn wir also sagen, die typische Blattstellung der Monokotylen sei die Distichie, so besagt das nur, daß an jedem Vertreter dieser Gruppe die Folge der ontogenetisch aus der Distichie sich entwickelnden Blattanordnungen oder auch ein Ausschnitt aus dieser Reihe nachzuweisen sei.

Ich hoffe, es erhellt nun, daß der Morphologe, wenn er von „ableiten" spricht, weit davon entfernt ist, damit zugleich deszendenztheoretische Aussagen machen zu wollen. Auch die Ausdrücke „herstammen" und „sich herausentwickeln" sind nicht abstammungstheoretisch gemeint. Dasselbe gilt, wenn von „Urform", „Übergangsform", „verwandten oder abgeleiteten Gestaltungen" usw. die Rede ist. Wenn der Morphologe eine Bildung als Hemmungsform beschreibt, so resultiert daraus noch nicht unmittelbar, daß es sich um eine im phylogenetischen Sinn ursprüngliche Bildung bzw. um eine Reduktion handelt.

Das phylogenetische Mißverständnis der Ableitung der Monokotylenblattstellungen aus der Distichie hat aber noch eine andere Wurzel. Das ist die faszinierende Wirkung, die von dem sog. „biogenetischen Grundgesetz" ausgegangen ist. „Die Ontogenese als Rekapitulation der Phylogenese" wird vom Tierreich auf das Pflanzenreich übertragen. Von distichen Jugendstadien wird auf distich beblätterte Vorfahren geschlossen. Solche Folgerungen sind ebenso abwegig wie die aus der morphologischen Ableitung gezogenen und sind entschieden abzulehnen[1].

Wenn hier gegen ungerechtfertigte Grenzüberschreitungen zwischen der Morphologie und der Phylogenetik polemisiert wurde, so soll andererseits aber nicht übersehen werden, daß die Beziehungen zwischen den beiden Forschungsrichtungen sehr eng sind. Die Morphologie, die ihrerseits durchaus ohne deszendenztheoretische Gesichtspunkte arbeiten kann, bildet die unerläßliche Grundlagenforschung für die Phylogenetik. Diese kann sich über die typologischen Ergebnisse nicht hinwegsetzen, ohne sich in Abwegigkeiten zu verlieren; aber sie darf auch nicht mehr von ihnen verlangen, als sie ihrer Natur nach geben können, denn, um es noch einmal zu sagen, auch die Typologie überschreitet ihre Kompetenzen, wenn sie ihre Feststellungen zugleich historisch verstanden wissen will.

Die Dikotylenblattstellungen, die wir typologisch zu durchleuchten versuchten, sind in ihren Beziehungen noch in keiner Weise so geklärt und übersichtlich wie die der Monokotylen. Das was hier über die Ranunculaceen, Umbelliferen und Cruciferen gesagt wurde, kann schon einigen Anspruch auf eine allgemeine Gültigkeit machen, während über die Verhältnisse bei den Compositen noch keine endgültigen Aussagen zu verantworten sind.

Was schließlich die übrigen Dikotylenfamilien betrifft, so möchte ich nur noch kurz andeuten, wo sich im Laufe unserer Arbeit schon Umrisse etwa feststellbarer Einheitlichkeit abzuzeichnen beginnen. Es finden sich vorwiegend spirodistische Übergänge auch bei den übrigen *Polycarpicae*, bei den Polygonaceen und bei den Rosaceen. Schwierigkeiten machen die Papilionaceen, eine Familie, die für häufig anzutreffende reine Distichie bekannt ist, in der aber in engster verwandtschaftlicher Nachbarschaft Distichie mit und ohne Primärblattwirtel (*Phaseolus* und *Vicia*) und Spirodistichie und Spirodekussation (*Lupinus polyphyllus* und *Lupinus luteus* [5], S. 89) vorkommen. Die Papaveraceen[2] und Fumariaceen haben in ihrem Verhalten große Ähnlichkeit mit den Cruciferen bis auf

---

[1] Es spricht tatsächlich manches dafür, daß die primitiven (im phylogenetischen Sinn) Monokotylen dispergiert beblättert waren, und man könnte sich etwa vorstellen, daß nach dem SCHINDEWOLFschen „Gesetz der frühontogenetischen Typenentstehung" die Vorfahren der heute rein distichen Arten nur eine Anfangsdistichie hatten. Solche Vermutungen sind jedoch derzeit sachlich nicht zu unterbauen.

[2] Die Abbildungen ([5], S. 113, Abb. 36,V) ist irrtümlich als *Glaucium flavum* bezeichnet worden.

die *Corydalis*-Arten mit Monocotylie und anschließender medianer Distichie. Ausnahmslos auf die Dekussation zurückzuführende Blattstellungen kann man bei den Chenopodiaceen, Amarantaceen, Balsaminaceen, Oenotheraceen, Solanaceen, Scrophulariaceen und Dipsacaceen vermuten.

Zusammenfassung der Ergebnisse.

1. Es ist nicht möglich, die Blattstellungen der Dikotylen einheitlich als mit dem Kotyledonarwirtel eingeleitete mehr oder weniger weit gehende Abwandlungen von Dekussation zu verstehen.

2. Für die Deutung der zerstreuten Blattstellungen bei den Dikotylen ist die Analyse des Übergangs des Kotyledonarwirtels zur Dispersion notwendig. Sie ergab sechs Möglichkeiten, von denen die beiden ersten, nämlich die ausgeprägte (Nr. 1) und die sich nur bis zu Blatt 3 erstreckende (Nr. 2) Spirodistichie enger zusammengehören und den vier anderen (Nr. 4—6), die ihrerseits eine engere Beziehung zur Dekussation haben, gegenüberstehen. Von den letzteren geht die ausgeprägte Spirodekussation oder Wirtelauflösung (Nr. 3) direkt aus der Dekussation hervor. Erfolgt die Wirtelauflösung schon vom ersten auf die Kotyledonen folgenden Blattpaar an (Nr. 4), dann resultiert eine der Spirodistichie bis Blatt 3 sehr ähnliche Übergangsform. Schließlich kann sowohl der Spirodistichie (Nr. 5) wie auch der Spirodekussation (Nr. 6) ein Primärblattwirtel vorangehen.

3. Als Merkmale, an denen man die Übergangsform Nr. 2 von Nr. 4 unterscheiden kann, wurden festgestellt: Nr. 2 zeigt häufig ein ausgeprägtes Internodium zwischen Blatt 1 und 2, ein in Alter und Größe mehr zu Blatt 1 und 2 als zu Blatt 4 gehörendes Blatt 3, welches nicht stärker als etwa 30° von der 180°-Divergenz Blatt 2 gegenüber abweicht. Übergangsform Nr. 4 zeigt ein geringeres Internodium zwischen Blatt 1 und 2, auch seltener ein Umgreifen der Blattbasen, Blatt 3 gehört nach Alter und Größe mehr zu Blatt 4 als zu Blatt 1 und 2 und zeigt einen, nach dem langen Weg gemessen, größeren Divergenzwinkel (180° + 30°) Blatt 2 gegenüber. Trotzdem ist eine Unterscheidung nicht immer einwandfrei möglich, und es wird vorgeschlagen, den Vergleich mit verwandten Arten zu Hilfe zu nehmen.

4. Es wurden vier Dikotylenfamilien nach ihren Blattstellungsverhältnissen untersucht, mit folgendem Ergebnis:

a) Die Umbelliferen haben nur Übergangsformen zur Dispersion, die als Spirodistichie zu deuten sind, wobei die Spirodistichie bis Blatt 3 weitaus am häufigsten vertreten ist. Reine Distichie kommt vor, ist aber selten.

b) Auch für die Ranunculaceen ist die Folge: Kotyledonarwirtel, Distichie, Spirodistichie charakteristisch, wobei noch dazukommt, daß innerhalb der Gattung *Clematis* sich schon in der vegetativen Region Wirtelstellung an diese Folge anschließt und bei den rein dekussiert beblätterten *Clematis*-Arten die anderen Glieder der Folge als unterdrückt angenommen werden müssen.

c) Bei den Cruciferen fehlen die auf die Distichie zurückzuführenden Formen gänzlich. Dafür finden wir die Übergänge Nr. 3—6 verwirklicht, und zwar besonders häufig Wirtelauflösung und Spirodekussation vom ersten Blattpaar an und ziemlich selten Spirodistichie mit Primärblattwirtel und Dekussation.

d) Die Compositen zeichnen sich durch besondere Mannigfaltigkeit der vorkommenden Blattstellungen aus. Für die *Liguliflorae* sind die spirodistichen Übergangsformen Nr. 1 und 2 charakteristisch, die aber auch bei einzelnen Vertretern der *Tubuliflorae* festgestellt wurden. Bei letzteren finden sich dagegen die Übergänge Nr. 3—6 sehr viel häufiger, und zwar ausgeprägte oder sofortige Wirtelauflösung als häufigste Blattstellung der Compositen überhaupt; schließlich können auch die Stellungen mit Primärblattwirtel durch Beispiele belegt werden.

Anhang.
Plantefols Theorie der mehrfachen Schrauben.

LUCIEN PLANTEFOL, der in seiner grundlegenden Blattstellungsarbeit (La théorie des hélices foliaires multiples. Masson & Cie, Paris 1948 und Ann. Sc. Nat. Bot. 11. Sér. VII und VIII 1946/47) ausdrücklich bis zu SCHIMPER und BRAUN zurückgeht, setzt eine berühmte Tradition fort. Er behauptet, daß er im Gegensatz zu seinen Vorgängern tatsächlich die „réalité phyllotaxique" gefunden und dadurch ganze Kapitel der Morphologie (S. 157)[1] in Frage gestellt habe.

Die neue Lehre wird vom Verfasser sehr schwungvoll vorgetragen; seine einfallsreichen und neuartigen Gedankengänge berühren die verschiedensten Fragen, so daß das Studium der umfang-

---
[1] Die Angaben der Seitenzahlen beziehen sich auf den Zeitschriftentext, da er früher erschienen ist und die Buchausgabe die frühere neben einer neuen Seitennumerierung bringt.

reichen Abhandlung für jeden, der an der Entwicklung der Blattstellungsforschung interessiert ist, ob er nun mit dem Verfasser übereinstimmt oder nicht, eine Fülle von Anregungen gibt. Ich will versuchen, die wichtigsten Punkte herauszuarbeiten und zu den einzelnen Behauptungen Stellung zu nehmen, soweit ich auf Grund eigener Arbeiten dazu imstande bin.

I. Auseinandersetzung mit den Vorgängern.

Eines der Hauptergebnisse der PLANTEFOLschen Untersuchungen ist die kategorische Ablehnung der Begriffe der Grundspirale und der Divergenzen und ihrer mathematischen Reihen. In einem kurzen Abriß der Geschichte der Blattstellungstheorien wird zwar SCHIMPERs Genialität gewürdigt, aber die ersten Ansätze zu der nach PLANTEFOLs Ansicht einzig richtigen Deutung seien wesentlich früher bei BONNET (1754) zu finden, der erkannt hatte, daß die Blätter in mehreren parallelen Spiralen (spirales redoublées) angeordnet seien. Während auch DE CANDOLLE (1827) noch das gelegentliche Vorkommen von mehrfachen Spiralen erwähnt, stellen SCHIMPER und BRAUN, und zwar nach PLANTEFOL unter dem Einfluß von GOETHE und SCHELLING, folgende zwei Gesetze auf:

1. Die Blätter des Stengels divergieren untereinander, und diese Divergenz ist für eine gegebene Art konstant.

2. Die Blätter sind am Stengel einer einzigen Grundspirale folgend angeordnet.

Diese beiden Gesetze sollen die Blattstellungsforschung bis zum heutigen Tag beherrscht und wie ein Verhängnis auf ihr gelastet haben (S. 175).

So hätten die Brüder BRAVAIS zwar eine Widerlegung der von SCHIMPER und BRAUN aufgestellten Divergenzenreihen gebracht, aber an deren Stelle nur neue gesetzt und so die beiden Grundgesetze nur noch bekräftigt. Ebenso seien auch alle Versuche der folgenden (HOFMEISTER, SCHWENDENER, SCHOUTE und GOEBEL werden genannt), sich von SCHIMPER zu befreien, völlig ungenügend, so daß sie letzten Endes denselben doch nur durch ihre Autorität noch bestätigt hätten. Auch TROLL wird dieser Reihe angeschlossen, da er das BRAUNsche Schema mit der Grundspirale und den Divergenzen benutzt. PLANTEFOL zitiert zwar ausführlich den Abschnitt auf S. 425 in TROLLs Vergleichender Morphologie [24], in welchem TROLL ausdrücklich feststellt, daß der sog. ,,Grundspirale'' für das typologische Verständnis keine, und im übrigen nur orientierende Bedeutung zukomme. Trotzdem sieht PLANTEFOL in TROLLs Ableitung der Tristichie von *Cyperus* und der Monostichie von *Costus* (S. 426—429) aus der Distichie einen Rückfall in die veralteten Methoden von SCHIMPER und BRAUN, welche bei *Pandanus* und bei den Koniferenzapfen, wo mehrere parallele Spiralen augenfällig sind, zur Wahrung ihrer Idee von der ,,einzigen Grundspirale'' von sog. ,,falschen Zeilen'' sprachen. PLANTEFOL meint S. 174: ,,Mais qu'est-ce que cela prouve sur la vanité des lignes qu'on voit et la réalité de celles qu'on ne voit pas.''

Auch wenn ich damit von dem folgenden etwas vorwegnehme, möchte ich hier schon zu einer kurzen Erwiderung kommen. Ein Mißverständnis liegt meines Erachtens schon bei der Auffassung von SCHIMPER und BRAUN. Selbstverständlich weisen die Arbeiten dieser beiden bedeutenden Botaniker die Signatur der GOETHE-Zeit auf. GOETHEs Wirkung auf die Naturwissenschaften seiner Zeit war bedeutender, als man gemeinhin annimmt, so daß sein Einfluß zweifellos in den Schriften so universal gebildeter Forscher spürbar ist. Trotzdem sind Unterschiede im Grundsätzlichen der Auffassungen unverkennbar. Es hat nicht nur zufällige Gründe, daß GOETHE zwar über die „Spiraltendenz der Vegetation" nachgedacht hat, daß aber erst SCHIMPER und BRAUN diese in ein mathematisches Schema bringen wollten.

Das Ziel der morphologischen Forschung im Sinne GOETHEs ist die typologische Erfassung der Gestalt (morphe), und ihre Methode ist die des Vergleichens und Ordnens. Um ihre Ergebnisse darzustellen, muß die Morphologie sich einer Nomenklatur bedienen, die allerdings sehr verschieden günstig gewählt sein kann. Wenn also bei GOEBEL [3], TROLL [24] bis [27] und seinen Schülern [2], [5] und [6] die SCHIMPER-BRAUNschen Bezeichnungen verwendet werden, so ist das allein noch kein Beweis für das Konformgehen mit den Gesetzen der klassischen Blattstellungstheorie. Wenn bei einer zerstreuten Blattstellung die Blätter nach der Reihenfolge ihrer Entstehung numeriert sind, so ist dies eine zulässige Bezeichnungsweise, um Aussagen über diese Blätter machen zu können, nicht aber schon selbst eine Aussage oder gar ein Gesetz. Wenn also hier Gegensätze festgestellt werden, so können das nur solche des Inhalts dessen sein, was in den Arbeiten von TROLL und denjenigen seiner Schüler in alter und bei PLANTEFOL in neuer Sprache gesagt ist. Wieweit solche bestehen, soll meine nun folgende Darstellung der PLANTEFOLschen Lehre aufzeigen.

II. Kritik der Grundspirale.

Folgendes wird von PLANTEFOL gegen die Verwendung der Divergenzen und der Grundspirale zur morphologischen Deutung der Blattstellungen eingewendet.

Exakte Divergenzmessungen sind nicht möglich, da es keine punktförmigen Blattinsertionen gibt. Wegen mehr oder weniger großen sekundären Stengeltorsionen ist eine Superposition nicht exakt feststellbar. Die Divergenzen sind nicht immer für eine gegebene Art konstant. Die Übereinstimmung mit der Natur wird dadurch erreicht, daß die große Zahl der Divergenzen eigentlich jede Möglichkeit einschließt. (S. 179: ,,Il va de soi que, par une telle méthode, il y a bien peu de cas qui ne soient légitimables.") Schließlich ist in vielen Fällen die Grundspirale überhaupt nicht zu ziehen, und man muß zu Aushilfen greifen wie SCHIMPERs Prosenthese und SCHOUTEs Metatopie.

Diese Einwände bestehen alle zu Recht und sind auch von früheren Autoren immer wieder gemacht worden. Das schon von den Brüdern BRAVAIS erkannte Variieren der Divergenzen innerhalb einer Art ist kein Beweis gegen die Verwertbarkeit der Blattstellung zur systematischen Charakterisierung, was PLANTEFOL übrigens auch nicht leugnet (S. 58). Dasselbe gilt von dem normalen Variieren der Blattstellung innerhalb der Blattfolge einer Einzelpflanze, das, wie ich am Beispiel der Ranunculaceen [6] und anderer Familien darzulegen versucht habe, gerade für systematische Untersuchungen bedeutungsvoll ist. Solche innerartlichen Abwandlungen sind nämlich nicht regellos, sondern für jede Art typisch begrenzt, so daß man sie bei der näheren Umschreibung des Merkmals Blattstellung mit berücksichtigen muß. PLANTEFOL glaubt, daß für diese Zwecke seine Charakterisierung der Blattstellungen nach Zahl und gegenseitiger Lage der Spiralen eindeutiger und wesentlich leichter zu handhaben sei als die bisher übliche, die Divergenzwerte benutzende Ausdrucksweise. Erwähnen möchte ich noch, daß in den obengenannten neueren Arbeiten eigentlich nur die Begriffe 1/2-Stellung und 2/5-Stellung gelegentlich verwendet wurden, die nicht zu Mißverständnissen Anlaß geben können.

III. Die Theorie der mehrfachen Blattspiralen (hélices foliaires multiples).

Ich möchte vorausschicken, daß PLANTEFOL den Ausdruck ,,hélice'' und nicht ,,spirale'' wahrscheinlich absichtlich gewählt hat, um seine Blattreihen schon durch die Bezeichnung von der SCHIMPERschen Grundspirale (spirale génératrice) abzuheben. Es ist schwierig, in der deutschen Übersetzung ein entsprechendes Wort zu finden, da ,,Schneckenlinie'' oder ,,Schraubenlinie'' zu umständlich klingt. Ich habe statt dessen das Wort ,,Schraube'', gelegentlich auch ,,Spirale'' verwendet.

a) Die Grundlagen. 1. Die Blattinsertionen sind je nach Art des Blattstiels bestimmt gestaltete Flächen.

2. Das Blattsegment zieht sich als eine immer vorhandene (?), mehr oder weniger gut erkennbare oberflächliche Zone des Sprosses von der Insertion an abwärts den Stiel entlang. (Die von E.-R. SAUNDERS formulierte Blattbasenberindungstheorie).

3. Das Leitbündelsystem einer Pflanze prädeterminiert die Blattstellung. (S. 184: ,,L'ébauche foliaire est prédéterminée à des rapports fixes avec le système vasculaire de la plante entière'' und S. 8: ,,C'est en fait, la morphologie interne, la disposition des faisceaux dans la tige qui commande la morphologie externe, c'est-à-dire la disposition relative des feuilles.'')

Auf Punkt 2 werde ich bei der Besprechung der Beziehungen zwischen Blatt und Stengel nochmal zurückkommen. Zu Punkt 3 wäre zu sagen, daß man natürlich mit demselben Recht behaupten kann, die Blattstellung bestimme den Bündelverlauf in der Stele, denn zugleich mit der Ausbildung des Primordiums am Vegetationspunkt differenzieren sich die Leitgewebe aus. Und wir können in Abwandlung eines Wortes von KNY[1] feststellen: ,,Viel naturgemäßer ist es anzunehmen, daß dieselben inneren Ursachen, welche die Blattstellung bedingen, gleichzeitig auch den Ausbau der Stele leiten."

b) Die Blattstellung der Monokotylen. Am eingehendsten hat PLANTEFOL die Gattung *Lilium* untersucht. Von *Lilium candidum* ist bekannt, daß die Divergenzen stark variieren und es oft nicht möglich ist, am ausgewachsenen Stengel eine Grundspirale zu ziehen. Diese Schwierigkeiten verschwinden sofort, wenn man nach PLANTEFOL statt einer einzigen drei parallele Blattschrauben zeichnet. Diese können nach links oder nach rechts verlaufen, jedenfalls entgegengesetzt dem Verlauf der ,,Grundspirale". Bei schwächeren Stengeln von *L. candidum* sind zwei und bei ganz schwachen ohne Blüten nur eine Schraube festzustellen. Vier kommen nicht vor.

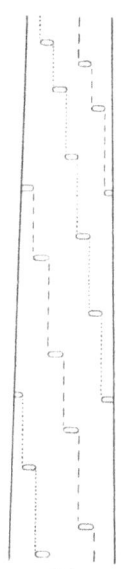

Um die Schrauben zu erhalten, müssen die Blätter miteinander verbunden werden, deren Blattsegmente sich berühren (Abb. 63). Als Beweise dafür, daß dieses Vorgehen morphologisch besser begründet sei als die Zählung nach der Grundspirale, wird angeführt, daß die Anzahl der Blätter der drei Spiralen gleich sei, und daß die drei Internodienkurven einen ähnlichen Verlauf zeigen.

Abb. 63. Schema eines in eine Fläche ausgebreiteten Stengels mit zwei Schrauben (nach PLANTEFOL, Fig. 1, S. 154).

PLANTEFOL setzt also an die Stelle der Grundspirale mehrere Schrauben, deren Blätter nicht durch Divergenzen getrennt sind, sondern deren Segmente sich berühren.

Er nimmt an, daß bei drei Schrauben am Vegetationspunkt drei generative Zentren in Tätigkeit seien, die untereinander harmonieren. Er zeichnet ein Schema des Vegetationspunktes, wie er ihn sich denkt und stellt es einem nach der klassischen Theorie konstruierten Schema gegenüber (Abb. 64). Dieses Schema sei allerdings ,,purement imaginatif" (S. 195), und es liegen ihm offenbar auch nicht Vegetationspunktspräparationen zugrunde. Als einzige Belege führt er an, einmal das teratologische Vorkommen lateraler Verwachsungen der Blattlamina und zum andern die Behauptung, man könne sich leichter eine Leiste (une sorte de crête S. 195), die

---

[1] Ein Versuch zur Blattstellungslehre. Ber. dtsch. bot. Ges. **16**, 60 (1898).

sich in Einzelprimordien teilt, vorstellen als ein Springen von Punkt zu Punkt.

Ich selbst habe sehr viele Vegetationspunktspräparationen an den verschiedensten Pflanzen vorgenommen, habe aber niemals etwas der PLANTEFOLschen Leiste auch nur ähnliches gefunden, sondern die Vegetationspunkte dispergiert beblätterter Exemplare glichen eher dem andern von PLANTEFOL als falsch bezeichneten Schema, wenn man es dahin abwandelt, daß man die Primordien im Verhältnis zum Vegetationskegel wesentlich vergrößert.

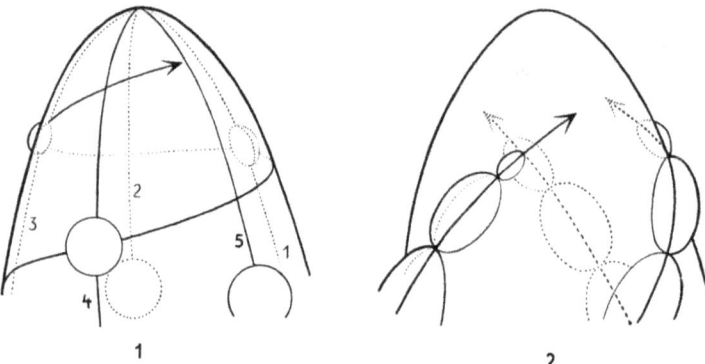

Abb. 64. Schema des Vegetationspunktes: 1 nach der Grundspiralentheorie; 2 nach der Theorie der mehrfachen Spiralen (nach PLANTEFOL, Fig. 7, S. 194).

Nach der angegebenen Methode werden auch die Stellungsverhältnisse anderer *Lilium*-Arten bestimmt. *L. tigrinum* gleicht in der Anzahl der Schrauben *L. candidum*, da aber die Insertionen breiter sind, liegen die Segmente nicht mehr nebeneinander, sondern überdecken sich dachziegelig (Abb. 65). (S. 206: ,,Au lieu qu'il y ait juxtaposition, il y a chevauchement des segments, la moitié anodique de l'un recouvrant la moitié cathodique de l'autre, pour reprendre les épithètes utilisées en phyllotaxie classique.'')

Bei *Lilium tenuifolium* und anderen Lilien mit schmalen Blättern kann sich die Zahl der Schrauben bis zu sechs steigern, während *Lilium speciosum* mit wenigen großen Blättern nur zwei Schrauben hat, deren sich zunächst nur berührenden Segmente sich weiter oben decken, wobei die zuerst dispergierte Blattstellung zur Distichie übergeht.

Auch bei den Lilien mit Wirtelstellung lassen sich mehrere Schrauben feststellen. Bei *L. Martagon* z. B. sind es zwei, deren Eintreten in den Wirtel man bei den beiden untersten Insertionen, die allein beiderseits freie Ränder haben, suchen muß. Ich möchte hier darauf aufmerksam machen, daß auch bei Annahme einer 2/5-Spirale zwei älteste, beiderseitig freie Insertionen zu beobachten sein müssen. PLANTEFOL hält allerdings die nach einem SCHOUTEschen Schema bei Annahme einer Grundspirale zu zeichnenden sieben Umgänge für einen Wirtel, wobei noch Metatopie zu Hilfe gerufen werden muß, für falsch.

Bei den Wirteln von *Lilium canadense* soll es sich um drei Schrauben handeln, ebenso bei *Lilium Pardalinum*, wo noch Öffnung des Wirtels und

Zerstreute Blattstellungen bei den Dikotylen. 45

Schrägstellung entgegengesetzt zu der Spiralenrichtung vorkommen kann (verticille hélicoidal S. 216).

Von anderen Monokotylen werden *Fritillaria imperialis* mit drei, *Asparagus officinalis* mit zwei und *Polygonatum officinale* mit einer Schraube erwähnt. Bei *Polygonatum verticillatum* kehrt das Wirtelproblem wieder, und zwar soll es sich hier um einen aus einer Schraube gebildeten Wirtel handeln. Hierin stimmt PLANTEFOLs Deutung völlig mit der von GOEBEL und TROLL überein, auch benutzt er denselben Ausdruck ,,Scheinwirtel''.

Nach PLANTEFOL sind Scheinwirtel solche Wirtel, bei denen mehrere Blätter einer oder mehrerer Schrauben in den Wirtel

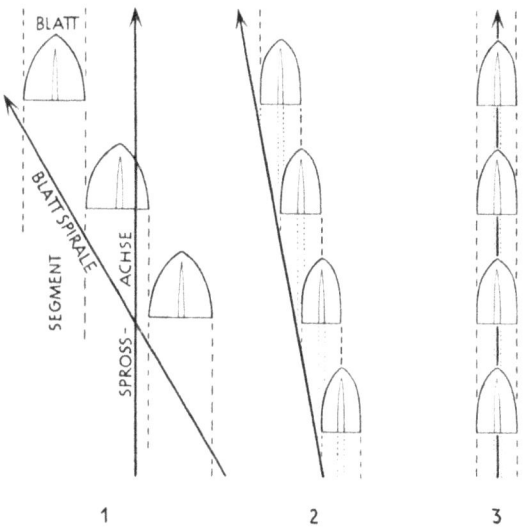

Abb. 65. Beziehung zwischen den Segmenten der Glieder einer Schraube. *1* Berührung; *2* teilweise Deckung; *3* völlige Deckung (nach PLANTEFOL, Fig. 2, S. 155).

eingehen, während echte Wirtel nur bei mehreren Schrauben vorkommen können, indem von jeder Spirale nur ein Blatt bei der Bildung des Wirtels beteiligt ist.

Als Ergebnis seiner Untersuchungen an Monokotylen stellt PLANTEFOL fest, daß für die Monokotylen eine bis viele Blattschrauben charakteristisch seien. Die zuerst von GOEBEL veröffentlichte und später von TROLL und seinen Schülern bestätigte Ableitung der Monokotylenblattstellungen aus der Distichie durch ,,Scheiteltorsion'' sei höchst unwahrscheinlich, komme doch die Distichie als endgültige Blattstellung gerade in den systematisch höherstehenden Familien besonders häufig vor, wie z. B. bei den Gramineen und Iridaceen und auch bei den Amaryllidaceen und Orchideen, und immer müsse das, von dem etwas abgeleitet wird, älter und primitiver sein als das Abgeleitete (S. 174: ,,Il reste que les caractères que l'on considère comme fournissant la dérivation d'autres caractères sont nécessairement plus anciens plus primitifs que ces derniers et que la phylogénie doit en conserver une trace").

Weiterhin sei diese Ableitung auch unnötig, da die tatsächlich bei den meisten Monokotylenkeimpflanzen zu beobachtende Anfangsdistichie sowohl als Anfang zweier wie auch einer Schraube zu deuten sei, eine Entscheidung darüber sei auf diesem Stadium noch nicht möglich, da ein Stengel praktisch noch nicht existiere.

Zum ersten Einwand habe ich schon ausführlich Stellung genommen. Obwohl PLANTEFOL TROLLs ausdrückliche Verwahrung gegen das phylogenetische Mißverstehen seiner Urpflanze zitiert, faßt er hier eine morphologische Ableitung ohne weiteres phylogenetisch auf, wozu weder bei TROLL noch bei GOEBEL oder bei den anderen Vertretern der Distichietheorie irgendwelche Veranlassung gegeben ist.

Zum zweiten Punkt ist zu bemerken, daß PLANTEFOLs Deutungen der Keimpflanzendistichie völlig der GOEBEL-TROLLschen Auffassung entsprechen. Betrachtet man sie nämlich als eine einzige Spirale, so wäre das die fortlaufende Zählung nach der Reihenfolge der Entstehung der Blätter, betrachtet man sie aber als aus zwei Spiralen zusammengesetzt, so sind das die beiden Spirostichen GOEBELs. Erst beim Übergang zur Dispersion (auch Tristichie oder Pentastichie) weichen die beiden Anschauungen grundsätzlich auseinander.

c) Die Blattstellung der Dikotylen. Im Gegensatz zu dem Variieren der Schraubenzahl bei den Monokotylen sollen nach PLANTEFOL zwei Schrauben, deren ersten beiden Blätter die Keimblätter sind, für die Dikotylen charakteristisch sein.

Dadurch, daß bei beiden Schrauben zwei Glieder mit der gleichen Nummer auch durch gleiche Internodien von den beiden vorangegangenen Blättern getrennt sind, entsteht Dekussation (echte Wirtel). Somit hätte auch PLANTEFOL den typischen Unterschied zwischen Dekussation und einer bestimmten Form von Dispersion bei den Dikotylen überbrückt, ein Ergebnis zu dem ich selbst wenigstens für einen großen Teil der dispergiert beblätterten Dikotylen durch die Definition der „Spirodekussation" gekommen bin.

PLANTEFOL bringt in diesem Zusammenhang die dekussiert beblätterten *Clematis*-Arten innerhalb der Ranunculaceen als Beispiel für den engen Zusammenhang. Ich habe umgekehrt nachgewiesen, daß die *Clematis*-Dekussation unter Berücksichtigung der auch da vorhandenen Anfangsdistichie typologisch dem Blattstellungstyp der übrigen Ranunculaceen einzuordnen ist.

Weiterhin glaubt Plantefol, daß er durch seine Theorie den typologischen Unterschied zwischen den Blattstellungen der Monokotylen und denen der Dikotylen überwunden habe, ein Unterschied, der nach seiner Ansicht von Goebel und Troll festgelegt worden sei. Goebel und nach ihm Troll hätten sämtliche Dikotylenstellungen auf die Dekussation zurückgeführt (S. 174). Das ist, wenigstens was Troll betrifft, nicht richtig, hat er doch als erster auf das verbreitete Vorkommen der von den Monokotylen her bekannten Spirodistichie auch bei den Dikotylen hingewiesen [24] und [25].

An verschiedenen Dikotylenbeispielen wird die Theorie näher ausgeführt. So haben die Glieder der beiden Schrauben bei *Helianthus annuus* zunächst gleiche Internodien (Dekussation), dann rückt ein Blatt der einen Spirale allmählich in die Mitte zwischen zwei Blätter der anderen (Dispersion). Von *Helianthus annuus* und *Atriplex hortensis*, beides Pflanzen, deren Blattstellung ich als Spirodekussation bezeichnet habe, werden Internodienkurven gezeichnet und zwar getrennt für die beiden Spiralen oder nach alter Bezeichnung für die Glieder mit gerader und mit ungerader Nummer. Diese Doppelkurven werden mit den Internodienkurven, die alle Blätter in der Reihenfolge ihrer Entstehung erfassen, verglichen und festgestellt, daß die Ausgeglichenheit der Doppelkurven gegenüber dem lebhaften Zick-Zack der einen Kurve („dont l'allure est aussi peu que possible en accord avec les phénomènes biologiques habituels", S. 9) für die Richtigkeit der neuen Theorie spreche.

Hier werden Gesichtspunkte in eine Kurvenbetrachtung gebracht, die nicht hineingehören. Eine Kurve ist bloß die graphische Wiedergabe einer Funktion, hier zwischen der Blattnummer und der Länge des dazu gehörenden Internodiums; wenn sie diese einwandfrei darstellt, ist sie richtig. Man kann nicht aus der größeren Ausgeglichenheit der einen auf ihre größere Berechtigung gegenüber der anderen schließen.

Weitere Beweise bringt Plantefol am Beispiel des Birnbaums. Hier werden an Stelle der 2/5-Spirale ebenfalls zwei Schrauben angenommen; dafür soll sprechen, daß die Blattspuren aufeinanderfolgender Blätter derselben Schraube in der Stele ineinander verschränkt sind, während die Bündel der einander folgenden Blätter der Grundspirale unabhängig voneinander bleiben.

Eine Erhöhung der Zahl der Schrauben soll ausnahmsweise auch bei den Dikotylen vorkommen und zwar entsprechend den Verhältnissen bei den Monokotylen bei Vertretern mit besonders schmalen Blättern z. B. an Hypokothyl- und Wurzelsprossen von *Linum perenne* (bis zu 5 Spiralen) und *Linaria vulgaris* (bis zu sechs Spiralen).

Bei Flieder und Liguster an Schößlingen und nach übermäßig starkem Zurückschneiden vorkommende dreigliedrige Wirtel sollen ebenfalls auf

Erhöhung der Zahl der generativen Zentren im Vegetationspunkt und eine dadurch bewirkte Vermehrung der Schrauben zurückzuführen sein.

Auch das Vorkommen von drei Keimblättern wird als Zeichen für drei Blattschrauben gedeutet. Ich habe eine trikotyle Keimpflanze von *Pimpinella Anisum* analysiert ([3], S. 106, Fig. 29 IV), aber die auf die Kotyledonen folgenden Blätter zeigten keine Veränderung der Blattstellung gegenüber normalen Keimpflanzen. Natürlich müßten, um Endgültiges aussagen zu können, eine größere Zahl von trikotylen Keimpflanzen untersucht werden.

Schließlich weist PLANTEFOL noch auf das Auftreten von mehr als zwei Blattschrauben bei Kulturpflanzen hin, z. B. Tabaksorten, Endivie und Kartoffel. Trikotylie wurde in diesen Fällen nicht festgestellt, dagegen glaubt PLANTEFOL, daß das erste auf die Kotyledonen folgende Blatt diesen ähnlicher sei als die folgenden Blätter, sich so als Anfangsblatt der dritten Schraube ausweisend, eine Erscheinung, die ich übrigens bei vielen Keimpflanzen auch normaler wildwachsender Pflanzen beobachten konnte.

Die Vermehrung der generativen Zentren stellt PLANTEFOL sich als eine Art von Spaltung vor, worauf bei *Helianthus*-Hybriden vorkommende dreigliedrige Wirtel, bei denen zwei Blätter mehr oder weniger verwachsen sind, hinweisen sollen.

Eine ungehemmte Vermehrung dieser Zentren führe schließlich zu teratologischen Erscheinungen wie Sproßspaltung (Dissoziation) und Verbänderung (Fasziation). So wird ein Ligusterzweig mit vier Spiralen abgebildet, der sich in dichotomer Art in zwei normale Zweige mit je zwei Blattschrauben teilt. In einem anderen Fall steigerte sich die Abnormität bis zu acht Schrauben, wobei schon eine Abplattungstendenz zu beobachten war. Die eigentliche Verbänderung wird als Folge der Veränderung der Form des Vegetationspunktes durch die extreme Erhöhung der Schraubenzahl angesehen. Interessant ist der Hinweis auf die häufig vorkommende Fasziation bei *Linaria* und *Zichorium*, die sowieso zu Erhöhung der Schraubenzahl neigen.

Ich möchte hier die Beobachtungen anführen, die EARLE C. BLODGET und L. W. NIELSON[1] berichtet haben, die Verbänderungen als Mißbildung der braunroten Burbank-Kartoffel feststellten und zwar sowohl an den unterirdischen wie an den oberirdischen Teilen. Das würde mit PLANTEFOLs Feststellung von den 3 Schrauben bei der Kartoffel übereinstimmen.

Sehr einleuchtend erschien mir der Vergleich der Blattstellungsverhältnisse der Palmen und der Kakteen in diesem Zusammenhang. Für beide stellt PLANTEFOL eine starke Erhöhung der Schraubenzahl fest (bis 20 und mehr). (Jede geteilte Rippe eines *Cereus* oder *Echinocactus* entspräche dem Auftreten einer neuen Blattschraube.)

---

[1] Fasciation in Prusset Burbank Potatoes. Phytopathology **37**, 597 (1947).

Bei beiden finden wir einen eingesenkten Vegetationspunkt (Scheitelgrube bei TROLL [24]), dessen Gestaltung besonders bei den Palmen die zur Unterbringung so vieler generativer Zentren denkbar günstigste sein soll. Die von SCHOUTE beschriebene Sproßteilung bei der Palme *Hyphaena thebaica* wird als Dissoziation im oben beschriebenen Sinn erklärt.

Die thalloiden Dikotylen, wie die Podostemonaceen, werden als normal fasziiert aufgefaßt, wogegen meines Erachtens allerdings die Form des Vegetationspunktes spricht.

IV. Folgerungen und Vermutungen.

Nachdem PLANTEFOL seine Lehre auch auf die Gymnospermen, wo ein Zusammenhang zwischen der Anzahl der Keimblätter und der Schraubenzahl vermutet wird, und auf die Sporenpflanzen ausgedehnt hat, kommt er zu folgenden Schlüssen:

1. Die geometrische Periode der Blattstellungsforschung sei vorbei.

Dem kann man nur zustimmen, nicht aber dem, daß sie PLANTEFOL durch eine anatomische ersetzen will. Allerdings hat er selbst zur Aufstellung seiner neuen Lehre sehr wenig mit anatomischen Methoden gearbeitet. Die morphologische Methode ist, wie gesagt, in erster Linie eine vergleichende und ordnende, wobei natürlich alle anderen wissenschaftlichen Arbeitsweisen wie Anatomie, Experiment usw., jede an ihrer Stelle, mitbenutzt werden müssen.

2. Das, was wir an einer Pflanze den Stengel nennen, habe zweierlei Herkunft der Leitgewebe (S. 156: „La vascularisation du segment foliaire dans la tige est d'origine foliaire").

Wir stimmen zu, was das häufige (aber nicht notwendige!) Vorkommen von Sproßberindung durch die Blattbasen betrifft und die Notwendigkeit, diese bei Blattstellungsuntersuchungen mit zu berücksichtigen. Wir lehnen aber eine Perikaulomtheorie als nicht haltbar ab ([24], S. 263).

3. Histologische Studien am Vegetationspunkt seien notwendig.

4. Experimente müßten versucht werden, um den Organisator in dem generativen Zentrum zwischen dem Vegetationskegel und dem letzten Primordium aufzufinden. Allerdings seien diese Versuche wegen der Empfindlichkeit des Objekts fast aussichtslos.

Meines Erachtens liegt diese Aussichtslosigkeit nicht bei den technischen Schwierigkeiten, sondern im Grundsätzlichen.

5. Die Abwandlung der Schraubenzahl sei ein für phylogenetische Überlegungen verwertbares Merkmal. So zeigten die asiatischen Lilien vor allem Vermehrung der Schraubenzahlen (bis zu 7), die amerikanischen dagegen deren Verminderung (bis 3) und Übergang zur Wirtelbildung. Von der Karbonflora bis zur heutigen sei eine Tendenz zunehmender Verminderung der Schraubenzahl zu beobachten.

Die Abhandlung schließt mit einer temperamentvollen Verteidigung der botanischen Morphologie (S. 66: ,,Un fait morphologique peut ouvrir un champ immense, car la forme est l'expression matérialisée de la vie, et toutes les lois biologiques se traduisent en elle'').

Trotz aller Einschränkungen, die ich auf Grund meiner eigenen Beobachtungen machen mußte, möchte ich zum Schluß betonen, es bleibt noch nachzuprüfen, ob die Erfassung der morphologischen Tatsachen der Blattstellung unter der Annahme mehrerer Blattspiralen nicht das ganze Problem in neue fruchtbare Bahnen bringen kann. Aber nicht in der Bezeichnungsweise finden wir die ,,réalité phyllotaxique'', sondern durch die richtige typologische Einordnung der Phänomene. Die Blattstellungsforschung hat sich vielleicht durch die bei Verwendung von Knospenschnitten so unübertrefflichen Übersichts- und Reproduktionsmöglichkeiten verleiten lassen, die horizontale Seite der Angelegenheit zu überschätzen. PLANTEFOLs Arbeit wird ein Anlaß sein, daß man sich vielleicht wieder mehr auch der vernachlässigten vertikalen Seite zuwendet.

Literatur.

[1] DUTROCHET, H.: Observations sur les variations accidentales du mode, suivant lequelle les feuilles sont distribuées sur les tiges végétaux. Nouv. Ann. du. Mus. d'histoire nat. **3** (Paris 1834). Deutsch von Walpers, Breslau 1839. — [2] ECKARDT, TH.: Über zweizeilige Blattstellungen bei Monokotylen und die Bedeutung der Symmetrieverhältnisse für ihr Verständnis. Bot. Archiv **42**, 44 (1941). — [3] GOEBEL, K.: Morphologische und biologische Bemerkungen 21. Scheinwirtel. Flora (Jena) **105**, 71 (1912). [4] GOEBEL, K.: Organographie der Pflanzen, 3. Aufl., 1. bis 3. Teil. Jena 1926—1933. — [5] HACCIUS, B.: Untersuchungen über die Bedeutung der Distichie für das Verständnis der zerstreuten Blattstellung bei den Dikotylen. Bot. Archiv **40**, 58 (1939)[1]. — [6] HACCIUS, B.: Untersuchungen über die Blattstellung der Gattung *Clematis*. Bot. Archiv **43**, 469 (1942). — [7] HENSLOW, G.: On the origin of the prevailing systems of phyllotaxis. Trans. Linn. Soc., II. s. **1876**, 1. — [8] HIRMER, M.: Zur Lösung des Problems der Blattstellungen. Jena 1922. — [9] HIRMER, M.: Zur Kenntnis der

---

[1] Mit ausführlichem Verzeichnis der die Blattstellung betreffenden Literatur.

Schraubenstellungen im Pflanzenreich. Planta (Berl.) **14**, 132 (1931). — [10] HIRMER, M.: Neue Untersuchungen auf dem Gebiet der Organstellungen. Ber. dtsch. bot. Ges. **52**, 26 (1934). — [11] HOCHSTETTER, CH. F.: Über Anwachsungen der Blattstiele oder Blattscheiden, Äste oder Blütenstiele verschiedener Pflanzen mit eingestreuten Bemerkungen über Blattstellungen. Flora (Jena) **33**, 177 (1850). — [12] HOFFMANN, O.: Compositae. In A. ENGLER und K. PRANTL, Die natürlichen Pflanzenfamilien, Teil IV, Abt. 5, S. 89. 1889. — [13] LEONHARDT, R.: Phylogenetisch-systematische Betrachtungen Österr. bot. Z. **96**, 293 (1949). — [14] NÄGELI, C. v.: Mechanisch-physiologische Theorie der Abstammungslehre. München u. Leipzig 1884. — [15] PLANTEFOL, L.: La theorie des helices foliaires multiples. Ann. Sci. nat. bot., VII. u. VIII. s. **11** (1946/47). — [16] SCHOUTE, J. C.: Beiträge zur Blattstellungslehre. Rec. Trav. bot. néerl. **10**, 153 (1913). — [17] SCHOUTE, J. C.: On whorled phyllotaxis I. Growth whorls. Rec. Trav. bot. néerl. **19**, 184 (1922). — [18] SCHOUTE, J. C.: On whorled phyllotaxis II. Late binding whorls of Peperomia. Rec. Trav. bot. néerl. **22**, 128 (1925). — [19] SCHOUTE, J. C.: Über die Caryophyllaceen-Dekussation. Ber. dtsch. bot. Ges. **50**, 229 (1932). — [20] SCHOUTE, J. C.: On whorled phyllotaxis III. True and false whorls. Rec. Trav. bot. néerl. **33**, 670 (1936). — [21] SCHOUTE, J. C.: On whorled phyllotaxis IV. Early binding whorls. Rec. Trav. bot. néerl. **35**, 415 (1938). — [22] SCHÜEPP, O.: Untersuchungen und Konstruktionen zur Theorie der einfachen Spiralstellungen. Jb. Bot. **68**, 86, 867 (1928). — [23] SUESSENGUTH, K.: Beiträge zur Frage des systematischen Anschlusses der Monokotylen. Beih. bot. Zbl. Abt. I **38**, 1 (1921). — [24] TROLL, W.: Vergleichende Morphologie der höheren Pflanzen, Bd. I, Teil 1 u. 2. Berlin 1937 u. 1939. — [25] TROLL, W.: Über die zerstreute Blattstellung bei Dikotylen. Chron. Bot. **4**, 39 (1938). — [26] TROLL, W.: Allgemeine Botanik. Stuttgart 1948. — [27] TROLL, W.: Die Stiel-Spreiten-Relation als Ausdruck des Prinzips der variablen Proportionen. Naturwiss. **36**, 333 (1949). — [28] VEH, R. v.: Untersuchungen und Betrachtungen zum Blattstellungsproblem. Flora (Jena) **125**, 83 (1930). — [29] WINKLER, H.: Habitus und Phylogenie. Beitr. Biol. Pflanz. **24**, 1 (1936). — [30] ZIMMERMANN, W.: Die phylogenetische Herkunft der gegenständigen und wirteligen Blattstellung. Jb. Bot. **81**, 239 (1935). — [31] ZIMMERMANN, W.: Besprechung von SCHOUTE, On whorled phyllotaxis III und IV. Z. Bot. **33**, 224 (1938).

5. K. Kramer und K. E. Schäfer. Der Einfluß des Adrenalins auf den Ruheumsatz des Skeletmuskels. DMark 2.30.
6. Beiträge zur Geologie und Paläontologie des Tertiärs und des Diluviums in der Umgebung von Heidelberg. Heft 2: E. Becksmann und W. Richter. Die ehemalige Neckarschlinge am Ohrsberg bei Eberbach in der oberpliozänen Entwicklung des südlichen Odenwaldes. (Mit Beiträgen von A. Strigel, E. Hofmann und E. Oberdorfer.) DMark 3.40.
7. Studien im Gneisgebirge des Schwarzwaldes. XI. O. H. Erdmannsdörffer. Die Rolle der Anatexis. DMark 3.20.
8. Beiträge zur Geologie und Paläontologie des Tertiärs und des Diluviums in der Umgebung von Heidelberg. Heft 4: F. Heller. Neue Säugetierfunde aus den altdiluvialen Sanden von Mauer a. d. Elsenz. DMark 0.90.
9. K. Freudenberg und H. Molter. Über die gruppenspezifische Substanz A aus Harn (4. Mitteilung über die Blutgruppe A des Menschen). DMark 0.70.
10. I. von Hattingberg. Sensibilitätsuntersuchungen an Kranken mit Schwellenverfahren. DMark 4.40.

Jahrgang 1940.
1. F. Eichholtz und W. Sertel. Weitere Untersuchungen zur Chemie und Pharmakologie der Heidelberger Radiumsole. DMark 2.20.
2. H. Maass. Über Gruppen von hyperabelschen Transformationen. DMark 1.20.
3. K. Freudenberg, H. Walch, H. Grieshaber und A. Scheffer. Über die gruppenspezifische Substanz A (5. Mitteilung über die Blutgruppe A des Menschen). DMark 0.60.
4. W. Soergel. Zur biologischen Beurteilung diluvialer Säugetierfaunen. DMark 1.—.
5. Annulliert.
6. M. Steck. Ein unbekannter Brief von Gottlob Frege über Hilbert's erste Vorlesung über die Grundlagen der Geometrie. DMark 0.60.
7. C. Oehme. Der Energiehaushalt unter Einwirkung von Aminosäuren bei verschiedener Ernährung. I. Der Einfluß des Glykokolls bei Hund und Ratte. DMark 5.60.
8. A. Seybold. Zur Physiologie des Chlorophylls. DMark 0.60.
9. K. Freudenberg, H. Molter und H. Walch. Über die gruppenspezifische Substanz A) 6. Mitteilung über die Blutgruppe A des Menschen). DMark 0.60.
0. Th. Ploetz. Beiträge zur Kenntnis des Baues der verholzten Faser. DMark 2.—

Jahrgang 1941.
1. Beiträge zur Petrographie des Odenwaldes. I. O. H. Erdmannsdörffer. Schollen und Mischgesteine im Schriesheimer Granit. DMark 1.—.
2. M. Steck. Unbekannte Briefe Frege's über die Grundlagen der Geometrie und Antwortbrief Hilbert's an Frege. DMark 1.—.
3. Studien im Gneisgebirge des Schwarzwaldes. XII. W. Kleber. Über das Amphibolitvorkommen vom Bannstein bei Haslach im Kinzigtal. DMark 1.60.
4. W. Soergel. Der Klimacharakter der als nordisch geltenden Säugetiere des Eiszeitalters. DMark 1.40.

Jahrgang 1942.
1. E. Gotschlich. Hygiene in der modernen Türkei. DMark 0.60.
2. Studien im Gneisgebirge des Schwarzwaldes. XIII. O. H. Erdmannsdörffer. Über Granitstrukturen. DMark 1.60.
3. J. D. Achelis. Die Überwindung der Alchemie in der paracelsischen Medizin. DMark 1.40.
4. A. Benninghoff. Die biologische Feldtheorie. DMark 1.—.

Jahrgang 1943.
1. A. Becker. Zur Bewertung inkonstanter α-Strahlenquellen. DMark 1.—.
2. W. Blaschke. Nicht-Euklidische Mechanik. DMark 0.80.

Jahrgang 1944.
1. C. Oehme. Über Altern und Tod. DMark 1.—.

1945, 1946 und 1947 sind keine Sitzungsberichte erschienen.

GPSR Compliance

The European Union's (EU) General Product Safety Regulation (GPSR) is a set of rules that requires consumer products to be safe and our obligations to ensure this.

If you have any concerns about our products, you can contact us on

ProductSafety@springernature.com

In case Publisher is established outside the EU, the EU authorized representative is:

Springer Nature Customer Service Center GmbH
Europaplatz 3
69115 Heidelberg, Germany

www.ingramcontent.com/pod-product-compliance
Lightning Source LLC
Chambersburg PA
CBHW060758110426
42873CB00033BA/372